高素质农民培训教材

广西特色果蔬

贮藏运输技术

广西农业广播电视学校　组织编写

瞿道航　刘　彤　主　编

广西科学技术出版社

·南宁·

图书在版编目 (CIP) 数据

广西特色果蔬贮藏运输技术 / 瞿道航，刘彤主编 . -- 南宁：
广西科学技术出版社，2024. 10. -- ISBN 978-7-5551-2259-3

I. TS255.3

中国国家版本馆 CIP 数据核字第 2024BM8721 号

Guangxi Tese Guoshu Zhucang Yunshu Jishu

广西特色果蔬贮藏运输技术

瞿道航　刘　彤　主编

策　　　划：黎志海

责任编辑：韦秋梅　　　　　　　　　装帧设计：梁　良

责任印制：陆　弟　　　　　　　　　责任校对：冯　靖

出 版 人：岑　刚

出版发行：广西科学技术出版社　　　地　　　址：广西南宁市东葛路66号

网　　　址：http://www.gxkjs.com　　邮政编码：530023

经　　　销：全国各地新华书店

印　　　刷：广西万泰印务有限公司

开　　　本：787mm×1092mm　　1/16

字　　　数：93千字　　　　　　　　印　　　张：5.5

版　　　次：2024年10月第1版　　　印　　　次：2024年10月第1次印刷

书　　　号：ISBN 978-7-5551-2259-3

定　　　价：30.00元

《高素质农民培训教材》

编委会

主　　　任：刘　康

副　主　任：龚　平　韦敏克　罗　云

委　　　员：梁永伟　莫　霜　马桂林　何　俊　杨秀丽

本　册　主　编：瞿道航　广西农牧工程学校

　　　　　　　刘　彤　广西农牧工程学校

本册副主编：何全光　广西农业科学院

　　　　　　　马翠芳　广西农牧工程学校

　　　　　　　杜正东　广西禾美生态农业股份有限公司

本册参编人员：雷卫霜　广西农牧工程学校

　　　　　　　韦湘芬　广西农牧工程学校

　　　　　　　韦　怡　广西农牧工程学校

　　　　　　　李振科　广西农业工程职业技术学院

　　　　　　　卢胜林　广西好丰年农化有限公司

　　　　　　　谢肇宁　广西桂林农业学校

　　　　　　　吴良勇　广西生态职业技术学院

　　　　　　　邹　夏　广西南宁综信文化传播有限公司

　　　　　　　韦邦清　永福县邦辉果蔬专业合作社

　　　　　　　廖振江　鹿寨绿尚农资有限公司

目录

项目一 认识广西果蔬贮运意义与发展现状

果蔬是人们日常生活中必不可少的食物，为人体提供维生素、矿物质、膳食纤维等多种营养物质，凭借独特的色、香、味、形、质备受消费者青睐。据统计，2023 年广西水果总产量 3389 万 t，2018 年以来连续 6 年总产量保持全国第一。全产业链产值超过 1800 亿元，同比增长 9% 以上。广西也是全国重要的南菜北运蔬菜基地，果蔬业是广西重要的农业产业。

随着人们生活品质的不断提升，果蔬的鲜度成为消费者关注的一大焦点。但果蔬本身含水量高、质脆易腐、容易受微生物侵染，加上广西地处热带亚热带，温度高、湿度大，导致新鲜果蔬非常容易腐烂变质。另外生产和消费区域及时节的错位，果蔬生产和消费不均衡性、区域局限性的矛盾日益突出。为减少果蔬产品的腐烂损失，促进广西果蔬业的可持续发展，增强其在东盟市场的竞争力，提高对果蔬采后贮运的重视，革新贮运技术，对大力发展果蔬贮运业意义重大。

任务一 了解广西果蔬贮运意义

一、学习目标
（1）说出广西果蔬贮藏与运输的意义。
（2）形成节能环保、与时俱进的新型职业理念。

二、知识要点

（一）提高果品鲜度，更好地满足人民的需求

据统计，世界上果蔬采后腐烂变质达 20% ～ 40%。广西地处热带亚热带，其温度、湿度条件更容易导致新鲜果蔬腐烂变质。如果按 1 元 /kg、损失率 40% 计算，广西新鲜果蔬每年由于腐烂变质而造成的经济损失达 300 亿元。

通过处理手段，如常用的果蔬低温保鲜方法，将果蔬的代谢活动控制在最低范围内，可延长果蔬的保鲜期，提高品质，满足人们日益增长的消费需求。

（二）增加农民收入，适应新兴市场，促进果蔬业持续健康发展

2023 年广西水果总产量达 3389 万 t，2018 年以来连续 6 年保持全国第一。全产业链产值超过 1800 亿元，同比增长 9% 以上。但是果蔬价格随着产量的升

高而逐渐降低，导致农民收入逐渐减少，严重挫伤农民的积极性，不利于农业的产业化发展。

要解决果蔬生产与消费的矛盾，关键在于打破消费区域、时节和消费方式的限制，促进产品的消费渠道和消费方式多样化。果蔬的贮运是调节市场余缺、缓解产销矛盾、适应新兴电商市场的重要措施，可大大促进果蔬业的可持续发展。

（三）有效应对东盟市场竞争压力，提高国际竞争力

近年来，越来越多消费者通过电商平台购买国内外的应季生鲜果蔬。广西背靠东盟，面临着东盟国家的激烈竞争。广西贮藏与运输业起步较晚，基础设施与技术较为落后，果蔬产品每年在流通环节造成的损失高达果蔬总产量的20%。在新兴电商市场的大环境下，提升果蔬贮藏与运输水平，可以将应季果蔬在保质的前提下推向全球，提高广西果蔬的国际竞争力和出口创汇能力。

三、任务巩固

在果蔬贮运方面，广西相比于其他省区有什么特点？

任务二　探究广西果蔬贮运发展现状

一、学习目标

（1）了解广西果蔬贮藏与运输业的发展现状。

（2）培养辩证思维，形成与时俱进的新型职业理念。

二、知识要点

（一）广西果蔬贮运发展现状

广西是我国果蔬生产的重要地区，又是中国—东盟水果进出口重要基地。众多果蔬产业示范基地配套建设了冷库、分拣车间、物资仓库、货物装卸区和集散交易中心等贮运设施，如贺州市八步区东融（供港）蔬菜产业核心示范区蔬菜基地、来宾市高新区金凤凰果蔬产业（核心）示范区等。在象州、金秀、鹿寨、荔浦、永福等地也有较多果蔬包装企业，专门从事当地当季水果采后商品化处理业务。

（二）广西果蔬贮运发展问题

广西果蔬贮运规模、能力、技术、硬件装备等方面都取得了较大的进步，但长期以来仅重视采前栽培，忽视采后贮运及产地基础设施建设，缺乏自主产权的核心关键技术，与较发达地区相比，仍然存在很大的差距。

1. 广西果蔬贮藏保鲜存在的问题

（1）技术落后，保鲜品种单一。

（2）设备投资大、能耗高、仓储能力季节性闲置。

（3）滥用保鲜剂、食品安全问题日益突出。

2. 广西果蔬运输存在的问题

总体上来说，各市果蔬物流能力差异较大，社会化、市场化、机械化、信息化程度低，依旧以传统的公路运输、铁路运输为主，未建成大型的现代化果蔬冷链物流中心，没有形成规模化、标准化、产业化、智能化果蔬冷链物流市场。

三、任务巩固

你所在的地区果蔬贮藏与运输存在什么问题？

任务三　掌握广西果蔬贮运发展趋势

一、学习目标

（1）说出广西果蔬贮藏与运输业的发展趋势。

（2）形成具体问题具体分析、与时俱进的新型职业理念。

二、知识要点

（一）广西果蔬产品贮藏发展趋势

1. 建立果蔬产品产、贮、运、销配套服务流通体系

应建立符合广西实际情况的流通体系，如专业合作组织、专业协会等，由这些组织或协会负责对果蔬产品从种到销的全程技术服务、配套生产资料的供应、产品的市场化运作，从而产生良好的经济效益。如农民专业合作社，促进农民从生产领域向流通领域延伸。推动大型超市成为重要的农产品流通主体，鼓励开展农超对接，创新流通模式。同时，中国—东盟自贸区零关税的实施可以进一步打开广西农产品出口市场空间，为广西农产品流通提供更广阔的空间。完善拓宽产、贮、运、销配套服务流通体系。

2. 贮藏保鲜以小型节能贮运设施为基础，以材料保鲜为主体

广西果蔬多为农户小规模分散生产，应建立小型冷库，实现分散生产、分散贮藏、集中销售。受经济水平等条件的限制，大规模的设施贮藏在近期不可能成为广西果蔬贮藏的主体，材料气调是适合广西果蔬贮藏的一种简便、经济、实用的方式。如已研制应用的专用于苹果、蒜薹、辣椒等的气调保鲜膜，其保鲜效果已达到气调冷库的贮藏效果。

3. 革新贮藏保鲜技术，促进其向区域化、多元化发展

广西各设区市生产力水平发展不平衡，果蔬产品的贮藏保鲜措施需向多元化发展。在梧州、来宾、百色等生产力水平较低、经济欠发达地区，宜以传统的简

易设施和化学贮藏保鲜方式为主；而在南宁、柳州等经济较发达、组织化程度较高的地区，则以气调冷库、真空减压保鲜库、瓦楞纸箱等大型设施和新材料保鲜技术为主。

同时，应结合消费市场需要、果蔬品种特性和生产成本等因素，及时研发并推广最新果蔬保鲜技术，如鲜切果蔬保鲜技术、生物保鲜技术等。从长远来看，针对杧果、荔枝、龙眼等广西特色亚热带果蔬，利用遗传工程技术选择培育对乙烯敏感性低的新品种不失为一个值得关注的思路。

（二）广西果蔬产品运输发展趋势

1. 充分考量各市现实状况，上下联动，形成合力

在"一带一路"倡议背景下，广西要发挥好"沿海、沿边、沿江"的区位优势，根据各市的现实状况来投资建设"立足广西、辐射东盟、走向世界"的大中型果蔬冷链物流中心。如利用中国—东盟博览会永久落户南宁的优势，在南宁投资建设现代化、智能化的大型果蔬冷链物流中心。柳州、桂林等市的物流能力总体情况相对较好，且柳州的金橘、桂林的柿子产量较大，应在这些城市投资建设大中型果蔬冷链物流中心。

同时，广西各级政府应做好精准招商引资工作，培育专业化程度高的第三方物流企业，加大冷链物流基础设施投资力度，发展广西特色果蔬贸易，以利于建设具有地方特色的"一带一路"沿线城市。

2. 基于大数据技术构建果蔬冷链物流体系

在互联网时代，构建基于大数据的广西果蔬冷链物流中心，形成规模化、标准化、产业化、智能化果蔬冷链物流市场，将优质的农产品推向全球势不可挡。应建立同时满足批发企业、物流公司、农户、零售商、消费者等多方需求的果蔬冷链物流大数据平台。利用该平台进行果蔬运输环境监控、运输车辆路径规划、对果蔬市场供求、价格行情等方面的数据进行采集与分析，实现效率最大化、利益最大化。

同时，引进冷链物流基础设施设备，构建多式联运的运输网络，建设果蔬加工型冷链中心，落实冷链物流标准体系，培养专业化物流人才，最终形成现代化果蔬冷链物流体系。

三、任务巩固

（1）你所在的地区物流能力如何？

（2）针对当地经济水平，应如何提升该市物流能力？

项目二 理解果蔬贮运基础知识

在实践中，采摘工作者和采后贮运参与者，如农户、物流人员、生鲜电商和批发零售商等，因缺乏果蔬生理的理论知识，对果蔬的各种贮运技术操作不当或错误，严重限制采后贮运科技的应用与发展。本项目阐述与果蔬贮运相关的基础知识，包括探究果蔬生理与贮藏运输的关系、正确选用包装容器、区分果蔬贮藏的方式和果蔬运输的方式4个方面，旨在为果蔬贮运从业者采用先进贮运技术提供理论和技术依据，为采后贮运科技的技术"落地"提供理论支持。

任务一 探究果蔬生理与贮藏运输的关系

一、学习目标
（1）掌握新鲜果蔬保鲜原理，列举相应的保鲜措施。
（2）学会透过现象看本质，形成把握事物发展原理的理念。

二、知识要点
果蔬收获后通过呼吸作用利用自身贮藏的养分维持代谢，其品质也随着代谢活动发生变化。若保鲜或贮藏方式不当，极易引起果蔬变质。变质的主要原因，一是采后环境改变与果蔬自身代谢活动造成品质变化，二是微生物活动造成腐烂变质。新鲜果蔬采后贮藏和运输最基本的原则就是消除或减少这两个因素的影响。如常用的果蔬低温保鲜方法，一方面减弱了果蔬的代谢活动，另一方面减少了微生物的侵染与繁殖，从而有效维持果蔬鲜度。

（一）运用呼吸作用保鲜

1. 避免无氧呼吸

呼吸作用分为有氧呼吸和无氧呼吸。有氧呼吸指果蔬的细胞在氧气的参与下，将有机物（呼吸底物）彻底分解为水和二氧化碳，同时释放大量能量的过程。其能量的46%贮藏在细胞内，其余能量以热量的形式释放到环境中。无氧呼吸指细胞在缺少氧气的条件下，有机物（呼吸底物）不能被彻底氧化，生成乙醛、乙醇等物质，并释放少量能量的过程。

果蔬在田间时多进行有氧呼吸，但采后存在套袋、密集堆放、通风不畅和积水等情况，导致环境氧气含量减少，易使果蔬进行无氧呼吸。无氧呼吸产生的乙醛、乙醇等有毒物质会在果蔬内堆积，造成毒害和果蔬腐烂，同时，产生相同维持生命活动所需的能量，无氧呼吸需要消耗更多有机物，使果蔬品质迅速下降。因此，在采摘后应尽量避免果蔬无氧呼吸。

2. 降低呼吸速率，推迟呼吸高峰

呼吸速率指一定温度下、一定量产品进行呼吸作用所消耗的氧气或释放的二氧化碳的量，是体现呼吸作用进行快慢的指标。根据果蔬采后呼吸速率变化曲线的不同，呼吸作用又可以分为跃变型和非跃变型（图2-1、表2-1）。

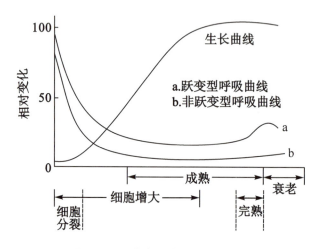

图2-1 果实生长曲线和呼吸曲线

表2-1 部分果蔬采后的呼吸类型

呼吸跃变型果蔬	非呼吸跃变型果蔬
苹果、杏、香蕉、柿、猕猴桃、甜瓜、番木瓜、桃、梨、杧果、番茄	阳桃、樱桃、茄子、葡萄、柠檬、枇杷、荔枝、龙眼、火龙果、菠萝、草莓、柑橘、西瓜、豌豆、黄瓜、甜椒

非呼吸跃变型果蔬有柑橘、荔枝等，在发育过程中其呼吸速率会随着时间增加而不断下降，不存在呼吸高峰。而香蕉、杧果等呼吸跃变型果蔬，在未成熟时呼吸作用旺盛，随着细胞的生长，呼吸速率逐渐减小，在成熟时又迅速上升达到高峰，同时果蔬的代谢发生较大变化。

跃变上升期正处于贮藏期，且呼吸跃变往往伴随乙烯跃变。乙烯是一种会引起果蔬成熟的内源植物激素，以极微量的作用阈值影响果蔬的呼吸生理。因此对呼吸跃变型果蔬，必须设法推迟呼吸高峰的到来，才能延长贮藏期。

3. 降低呼吸热和田间热

呼吸热指果蔬在呼吸过程中产生的，除维持生命活动的能量外，释放到环境中的那部分热量。若外部环境通风不畅，呼吸热无法有效散出，内部温度升高，加快果蔬代谢速度，导致果蔬快速腐败。因此，在大部分情况下，要尽快采取通风等措施排出果蔬的呼吸热。

此外，田间热也会影响果蔬贮藏效果。田间热指果蔬从田间带到贮藏库的潜热，是随着果蔬本身温度的下降而散发出来的热量。在贮藏初期，田间热也会增加贮藏场所的温度，影响贮运效果，所以贮藏的果蔬通常在凉爽的早晨采摘，且要进行预贮。

（二）降低蒸腾作用保鲜

蒸腾作用指蔬果体内水分以水蒸气的形式散失到大气中的过程。不仅受到环境中温度、光照、湿度与风速的影响，还受到植物本身的调控。果蔬刚采摘时细胞液充足、细胞膨压大，所以果蔬呈现出质感优良、色泽鲜艳、果肉饱满的状态。但采后失去水分来源，其蒸腾作用依然在继续，果蔬便会快速失水，呈现出干瘪、表皮褶皱、色泽暗淡等状态。

同时，由于失水的发生，果蔬失重的速度也会加快。如柑橘在贮藏过程中失重的 75% 是蒸腾失水造成的，呼吸消耗仅占总失重的 25%。因此，采取措施减少蒸腾失水意义重大。

三、任务巩固

（1）你所在地区盛产什么水果，属于什么呼吸类型？

（2）果蔬保鲜时需注意哪些生理代谢活动？

（3）果蔬贮运时应该采取哪些相应的措施？

任务二　正确选用包装容器

一、学习目标

（1）选出不同蔬果适用的包装容器。

（2）树立安全健康、环境友好、精简节约的绿色可持续发展理念。

二、知识要点

1. 包装类型

（1）外包装。

外包装种类很多，在我国有塑料箱、纸箱、木箱、竹藤筐、泡沫塑料箱、五金箱等（表 2-2）。

表 2-2　新鲜水果包装容器的种类、材料及适用范围

种类	材料	适用范围
塑料箱	高密度聚乙烯	适用于任何水果
纸箱	瓦楞纸板	适用于任何水果
纸袋	具有一定强度的纸张	装果量通常不超过 2 kg
纸盒	具有一定强度的纸张	适用于易受机械伤的水果
板条箱	木板条	适用于任何水果
竹藤筐	竹子、荆条	适用于任何水果
网袋	天然纤维或合成纤维	适用于不易受机械伤的水果
塑料托盘与塑料膜组成的包装	聚乙烯	适用于蒸发失水率高的水果，装果量通常不超过 1 kg
泡沫塑料箱	聚苯乙烯	适用于任何水果

注：源自《新鲜水果、蔬菜包装和冷链运输通用操作规程》（GB/T 33129—2016）。

（2）内包装。

内包装主要类型有网袋、真空包装袋、塑料薄膜袋包装、单果包装、小盒和塑料托盘包装等。

（3）填充物。

填充物是不可缺少的、起缓冲作用的一种辅助性包装。要符合柔软、干燥、不吸水、无异味、无毒等要求，如珍珠棉包装膜、聚乙烯泡沫网套、刨花、稻壳、纸条等（图 2-2）。

图 2-2　珍珠棉包装膜（左）和聚乙烯泡沫网套（右）

2．包装选择

（1）选用保护性、通透性、防潮性、安全性能好、可回收的包装容器。

（2）结合果蔬采后生理特性、运输距离、消费者需求等因素搭配使用多种包装材料。如容易碰伤的瓜果类加泡沫网套保护，贮存期短的荔枝在泡沫箱内部增加冰袋冷藏，果蔬长途运输时常使用泡沫箱等。

（3）结合企业文化、地域性、时节性等方面来选择包装容器，以兼顾文化传播的作用。

3．放置方法

（1）定位放置法。

定位放置法即使用一种带有凹坑的特殊抗压垫，一个凹坑放置一个果实，当一层放满后，再在上方放置一个同样的抗压垫，使果实逐个分层隔开。抗压托盘常用纸浆模压盘或者塑料托盘。这种方法能有效地减少果实损伤，但包装速度慢、费用高，适用于一些价值高的果蔬产品包装。

（2）制模放置法。

制模放置法即将果实逐个放在固定的位置上，使每个包装能有最紧密的排列和最大的净质量，包装容量按果实个数计量。

三、任务巩固

（1）选用包装容器时应把握哪些原则？

（2）针对你所在地区盛产的水果的特性，应该选用哪些包装容器？

任务三　区分果蔬贮藏方式

一、学习目标

（1）区别不同果蔬贮藏方式。

（2）形成具体问题具体分析、与时俱进的新型职业理念。

二、知识要点

1．简易贮藏

简易贮藏是较为传统的一种果蔬贮藏方式，在我国应用的历史悠久。它利用土壤、稻草等覆盖物的保温、保湿、隔气性能，保持低温、低氧、高二氧化碳浓度和高相对湿度，从而达到保鲜果蔬的目的。方式包括堆藏、沟藏、窖藏（图2-3）、冻藏、假植贮藏、通风库贮藏等。简易贮藏的主要特点是设备简单，建造方便，可就地取材，费用低，但产品贮藏寿命不长。

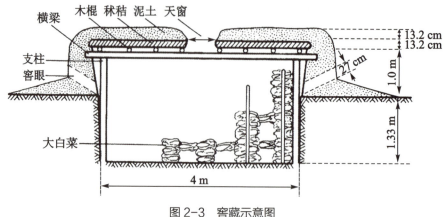

图 2-3　窖藏示意图

2. 机械冷藏

机械冷藏是目前国内外应用最广的一种新鲜果蔬贮藏方式。制冷机械的循环运动使制冷剂产生冷气，并将其导入有良好隔热效能的冷库（图 2-4）中，将冷库内的温度、湿度条件控制在果蔬贮藏适宜的水平，同时适当加以通风换气。机械冷藏适用于多类果蔬，并且使用地域广泛，冷库可以周年使用且贮藏效果好，但运行成本相对简易贮藏来说较高。

图 2-4　贮藏冷库

冷库的管理需注意以下方面。

（1）贮前准备。果蔬入库前，应使用过氧乙酸、福尔马林或硫黄等对库房进行彻底消毒，用 0.5% 漂白粉溶液或 2%～5% 硫酸铜溶液对所有用具进行浸泡、刷洗后晾干，同时做好防虫、防鼠工作。

（2）产品入库及堆放。新鲜果蔬入库贮藏时，若已经预冷，可一次性入库后建立适宜条件进行贮藏；若未经预冷处理，则应分次、分批入库。果蔬堆放要做到"三离一隙"，尽可能分等、分级、分批次存放。"三离"指离墙、离地坪、离天花板，"一隙"指垛与垛之间及垛内要留有一定的空隙。

（3）温度、湿度控制。冷库温度管理要把握"适宜、稳定、均匀及产品进出库时合理升降温"的原则。绝大多数新鲜果蔬相对湿度控制在80%～95%即可，同时也要注意采用地坪洒水、空气喷雾、塑料薄膜单果套袋或用生石灰、草木灰防潮等方式来维持相对湿度的稳定。

（4）通风换气。通风要做到充分彻底，频率视果蔬种类和入贮时间而定。

（5）日常检查。检查贮藏条件、制冷通风系统，并记录、绘图、调整。根据果蔬耐贮性定期检查其外观、颜色、硬度、品质风味。发现问题应及时解决。

3. 气调贮藏

气调贮藏是在冷藏的基础上进一步提高贮藏效果的措施，是当前国际上果蔬保鲜广为应用的现代化贮藏手段。可根据不同果蔬生理特点，人为调节贮藏环境的温度、湿度、氧气浓度、二氧化碳浓度和乙烯浓度等条件，降低果蔬呼吸强度，延长寿命。

（1）人工气调贮藏。

人工气调贮藏是指利用机械严格控制贮藏环境中的各种气体成分浓度的气调贮藏方式。人工气调贮藏需注意以下方面。

①检查库房气密性。

②严格挑选产品，适时入贮。

③预冷后一次入库，尽可能分类分库、满库贮藏。

④根据果蔬种类对氧气、二氧化碳的需求，合理调节温度。

⑤出库前一天停止气调设备运行，解除气密状态，产品一次出清。

（2）自发气调贮藏。

自发气调贮藏指利用包装、覆盖、薄膜衬里等方法，来调节果蔬贮藏环境中的气体成分，常见的有薄膜单果包装贮藏、薄膜袋密封贮藏、塑料大帐密封贮藏等形式。该方法操作简便，且易与其他贮藏手段结合，贮藏效果优于低温冷藏。

4. 其他新技术贮藏

（1）保鲜剂贮藏。果蔬保鲜剂在我国果蔬贮运中应用广泛，根据其作用可以分为防腐剂类、生理调节剂类、膜剂类等3类（表2-3）。

表2-3　水果保鲜剂的种类

类别	原理	原料	举例
防腐剂类	防止霉菌和其他污染菌滋生繁殖	主要是芸香科、菊科、樟科的植物香料，魔芋等中草药制剂，荷叶、大蒜、茶叶、葡萄色素等提取物	广西在该方面的研究已取得较好成效，常见的有抑霉唑、特克多、多菌灵等（图2-5）
生理调节剂类	调节生理活性，刺激植物生长	人造植物激素，常用的主要有生长素类、赤霉素类、细胞分裂素类	生长素类物质2,4-D能降低柑橘、葡萄果实腐烂率，防止落蒂；赤霉素类可阻止组织衰老、果肉变软、对抗乙烯和脱落酸，在柑橘、杧果、葡萄上保鲜效果显著
膜剂类	风干后形成的透明膜能抑制呼吸作用，减少水分散发，防止微生物入侵	蜡、天然树脂、明胶、淀粉等造膜物质。常用的有中草药复合半透膜保鲜剂、磷蛋白类高分子蛋白质、可食性涂被保鲜剂等	广西化工生物技术研究所研制的复方卵磷脂保鲜剂，用于鲜橙贮藏，保鲜效果明显

图2-5　防腐剂类保鲜剂

　　（2）减压贮藏。该方法是气调贮藏的进一步发展。它是在冷藏、密闭环境中将气压降低至负压，形成一定真空度，同时温度和氧气含量迅速下降的一种果蔬贮藏方法。该方法可延长贮藏期，贮藏量大，可多品种混放，出入库方便，货架期延长，节能，经济。

　　此外，还有辐射贮藏、磁场处理、高压电场处理、负离子和臭氧处理、热处理、超高压技术、转基因技术、生物防治技术等其他贮藏新技术的研究和应用，为果蔬保鲜提供新的选择。

三、任务巩固

你所在地区盛产的水果用什么方式贮藏，有何优缺点？

任务四　区分果蔬运输方式

一、学习目标

（1）比较不同果蔬运输方式与工具，说明其适用情况。

（2）形成具体问题具体分析、与时俱进的新型职业理念。

二、知识要点

运输是动态贮藏，果蔬采后寿命与装卸水平、运输中的环境条件、运输工具、路途状况和组织工作都有着密切的关系，尤其是运输途中的环境条件如运输振动、温度、湿度、气体成分等，很大程度影响着果蔬品质。对果蔬运输途中及前后装卸的最基本要求为快装快运、轻装轻卸、防热防冻。冷链流通是果蔬运输未来的趋势。

1. 公路运输

公路运输是我国最重要和最普通的中短途运输方式。公路运输的优点是机动灵活，货物送达速度较快，不需要换装。但公路运输的成本高，载运量小，耗能大。同时，公路运输的损失因道路条件和汽车性能的不同差异很大。

公路运输车辆分为普通车和冷藏车等。目前我国道路条件、运输车辆的性能较差，冷藏车辆较少，还不能很好地满足果蔬运输的需求。近年从国外引进一种平板冷藏拖车，有一节单独的隔热、制冷车厢（类似于冷藏集装箱），移动方便灵活，可在高速公路上运输，也可拖运至铁路平板车皮上或码头船舱上。过程中减少了转运装次数，运输温度变化不大，非常适用于新鲜果蔬的运输。

2. 铁路运输

果蔬采用铁路运输方式占果蔬总运量的 1/3 左右。铁路运输具有运输量大、速度快、振动小、运输成本低、连续性强、不受季节影响等优势适合于中长途大宗果蔬运输。但运输起止点都是车站的大宗货场，前后都需要其他方式的短途运输，增加了装卸次数。铁路运输前后装卸一般采用普通棚车、通风隔热车、加冰冷藏车、机械冷藏车和冷冻板式冷藏车、集装箱等工具（表2-4）。

表 2-4　果蔬铁路运输主要工具

工具类型	原理	优点	缺点
普通棚车	无温度调节设备，通过通风、草帘、棉毯覆盖或加冰等措施来调温	造价低	控温难，果蔬损耗可达 15%～40%
通风隔热车	依靠隔热的车体和良好的通风性能控温，但车内无任何制冷和加温设备	造价相对较低	控温效果较为有限
加冰冷藏车（冰保车）	内部装有冰箱、排水设备、通风循环设备以及检温设备等。主要通过在冰箱内加冰或冰盐混合物，控制车内低温环境。在铁路沿线每 350～600 km 距离处要设置加冰站及时补充冰盐	能将温度控制在较低温条件	盐液对车体和线路腐蚀严重，车内温度不能精准控制，且车辆重心偏高，不适于高速运行
机械冷藏车（机保车）	使用制冷机制冷，配合强制通风系统，有效控制车厢内温度，装载量比冰保车大，能实现制冷、加温、通风、循环、融霜的自动化	迅速降温，控温精准	造价高、维修复杂，需要配备专业乘务人员
冷冻板式冷藏车（冷板车）	通过低共晶溶液制冷的新型冷藏车。冷板车的充冷通过地面充冷站进行，一次充冷时间约 12 小时，充冷后可制冷 120 小时。车内两端顶部各装有两台风机，开动风机加速空气循环，带走大量田间热，从而迅速冷却至要求的温度	耗能少、制冷成本低、效能好	须依靠专用充冷设施为其提供冷源，使用范围局限在铁路大干线
集装箱	是便于机械化装卸的一种运输货物的容器	方便、灵活	箱体重量大，空箱返回浪费成本

3. 其他运输方式

水路运输使用船舶运输，运量大、成本低、行驶平稳，但受自然条件的限制较大，运输连续性差、速度慢。常见的运输船舶有散货船、集装箱船、滚装船、冷藏船和驳船等。

航空运输是采用飞机运输，最大的特点是速度快，但装载量小、运价昂贵，只适于运输高档水果。我国出口日本的鲜香菇、蒜薹就有采用航空运输的。

联运是指运输全程使用同一凭证，由 2 种及以上交通工具相互转运完成运输，充分利用了各种交通工具的优点，简化托运手续，缩短运输时间，是目前果蔬运输的大趋势。

三、任务巩固

你所在地区盛产的水果使用哪种运输方式和工具，有何优缺点？

项目三　荔枝贮运

　　广西自古以来就是中国著名的水果之乡，其中荔枝是具代表性的水果之一。荔枝是广西的特产，有着较高的营养价值和美味口感。广西是我国荔枝主产区，种植面积约16万公顷，面积和产量位居全国第二。

　　目前广西荔枝品种有90多个，早、中、晚熟品种兼备，包括桂味、鸡嘴荔、香荔等一大批闻名全国的优质荔枝品种。荔枝具有呼吸强度大、失水速度快、易产生褐变等特点，容易腐烂变质，不易保存及运输，对荔枝的生产与销售极为不利。本项目基于比较常用的荔枝贮藏保鲜技术，介绍荔枝的采收及贮藏运输管理技术和具体做法。

任务一　探究荔枝采前脱落酸处理技术

一、学习目标

（1）了解荔枝采前脱落酸处理技术操作方法。

（2）根据技术要求进行操作演示。

（3）树立科学的食品安全观念。

二、知识要点

　　脱落酸（ABA）（图3-1）在荔枝生长发育过程中具有重要作用，它是植物生长发育过程中必不可缺的一种激素，主要在种子休眠、器官脱落、气孔关闭以及响应生物、非生物胁迫中起非常重要的调控作用。脱落酸处理可以有效地提高荔枝的采后抗逆性，并维持采后品质。已有研究表明，脱落酸处理能够控制采后果实褐变，降低果皮褐变率，并保持果实品质。

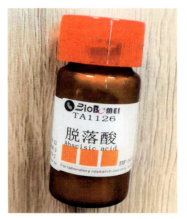

图 3-1　脱落酸

三、任务实施

（1）对象选择：1～10 天后将要采收的荔枝果实。

（2）药液配制：将脱落酸溶解于水中，配制成 100～200 mg/L 的脱落酸溶液。

（3）工具准备：喷雾器等。

（4）操作方法：将配制好的脱落酸溶液均匀喷洒在荔枝果实表面，随后将荔枝采摘，用聚乙烯塑料薄膜袋包装、贮藏。

四、学习拓展

现有技术保存的荔枝，常温下的货架期只有 3～5 天，荔枝的采后损失在 20% 左右。而进行采前脱落酸处理，荔枝的贮藏期可以延长至 7～10 天，贮藏 7～10 天不发生褐变或者褐变程度很轻，减少荔枝的采后损失。与现有采后保鲜的技术相比较，该方法还可避免浸泡处理需要晾干的过程。

五、任务巩固

（1）荔枝脱落酸处理宜在采收前几天实施？

（2）脱落酸溶液浓度为多少？

六、考核要求

考核要求见表 3-1。

表 3-1　荔枝采前脱落酸处理技术考核要求

评价内容	分值	学员自评	教师评价
复述脱落酸使用浓度	30		
复述喷施操作方法	30		
准确完成任务巩固内容	40		
总评			

任务二　了解荔枝采后果实分级技术

一、学习目标

（1）了解荔枝采后果实分级操作方法。

（2）根据技术要求进行操作演示。

（3）培养严谨细致的从业态度。

二、知识要点

荔枝采收后，如果供应国内市场，一般以簇为单位，果实带有枝条，甚至少许叶片，一般不进行分级。不同品种荔枝果实的大小、品质差异较大，不能以统一的标准来进行分级，经过挑选的单个果实可按照其大小进行分级，目标是保证同一件包装内的果实有较为一致的品质、色泽、大小和外观。

外观总体要求：无裂果、无虫眼、无果梗伤，八九成熟，无异味。而果实大小主要根据消费市场的要求和品种特点按照果径和果重进行分级。本任务主要介绍广西常见荔枝品种果实分级标准及操作方法。

三、任务实施

1. 基本要求

商品荔枝应符合以下基本要求。

（1）果实新鲜，发育完整，果形正常（图3-2）。

图3-2　商品荔枝

（2）其成熟度达到鲜销、正常运输和装卸的要求。

（3）果实完好，无腐烂或变质的果实，无严重缺陷果。

（4）整洁，无外来物。

（5）表面无异常水分，但冷藏后取出形成的凝结水除外。

（6）无异常气味和味道。

2. 分级标准

分级一般根据果实的大小进行。生产上主要采用 2 种方式进行分级，一种是单位重量果实的个数，另一种是果实的直径大小。广西种植荔枝品种根据果实大小可分为优等品、一等品、二等品，果实规格可按照以下指标划分（表 3-2）。

优等品：果实大小均匀，具有该荔枝品种应有的颜色，且色泽均匀一致，无机械伤、病虫害、裂果、过熟果等，无异品种果实。

一等品：果实大小较均匀，具有该荔枝品种应有的颜色，且色泽较为均匀一致，机械损伤、病虫害等一般缺陷果小于 5%。

二等品：果实大小较为均匀，具有该荔枝品种应有的颜色，且色泽基本均匀一致，机械损伤、病虫害等严重缺陷果小于等于 8%。

表 3-2　果实大小规格　　　　　　　　　　　　单位：粒 /kg

品种	优等品	一等品	二等品
三月红	< 30	30 ～ 38	< 46
妃子笑	< 35	35 ～ 40	< 50
糯米糍	< 38	38 ～ 50	< 56
桂味	< 56	56 ～ 62	< 68
黑叶荔	< 38	38 ～ 44	< 52
灵山香荔	< 48	48 ～ 58	< 66
禾荔	< 40	40 ～ 50	< 60
状元红	< 42	42 ～ 54	< 58
白糖罂	< 40	40 ～ 48	< 54

3. 操作方法

（1）果穗整理：果穗整理时，保留不着生果实的果穗基部枝条长度不超过 3 cm。应把穗形严重破损、长度超过 6 cm 的单果枝、小果枝剪除。

（2）挑选：最好在选果台上进行，也可以在生产线上进行。分级方法可采用目测法或机械分级机进行。不需要去梗的果穗，把小果、变形变色果、病虫果、裂果、机械损伤果全部剪掉。需要去梗的果穗，用枝剪剪下单果，已去梗的荔枝在桌面或移动的传输带上进行挑选，剔除病虫果、裂果、机械损伤果、畸形果、无蒂果、青果、过小果和过熟果等。

四、学习拓展

参照《荔枝等级规格》（NY/T 1648—2015），可按以下标准分为特级、一级和二级 3 个等级。

（1）特级：具有该荔枝品种特有的形态特征和固有色泽，无变色，无褐斑；果实大小均匀；无裂果；无机械损伤、病虫害症状等缺陷果及外物污染；无异品种果实。

（2）一级：具有该荔枝品种特有的形态特征和固有色泽，基本无变色，基本无褐斑；果实大小较均匀；基本无裂果；基本无机械损伤、病虫害症状等缺陷果及外物污染；基本无异品种果实。

（3）二级：基本具有该荔枝品种特有的形态特征和固有色泽，少量变色，少量褐斑；果实大小基本均匀；少量裂果；少量机械损伤、病虫害症状等缺陷果及外物污染；少量异品种果实。

五、任务巩固

（1）商品荔枝应符合哪些基本要求？

（2）生产上主要采用哪两种方式对荔枝进行分级？

六、考核要求

考核要求见表 3-3。

表 3-3　荔枝采后果实分级处理考核要求

评价内容	分值	学员自评	教师评价
复述荔枝等级划分指标	40		
按操作方法实施操作	20		
准确完成任务巩固内容	40		
总评			

任务三　探究荔枝低温气调贮藏技术

一、学习目标

（1）了解荔枝低温气调贮藏操作技术。

（2）根据技术要求进行操作演示。

（3）培养敢于实践、勤于探索的工作精神。

二、知识要点

低温贮运是控制荔枝果皮褐变、减少病理腐烂和保持果实品质的基础。荔枝的贮运适宜温度为 3～5 ℃，温度太低会产生冷害，如荔枝在 1 ℃下 30～35 天即开始产生冷害，果皮褐变且变味。荔枝在贮运过程中切忌变温，低温结合气调贮藏效果更佳。不同的荔枝品种对氧气和二氧化碳浓度的要求不同。二氧化碳浓度以 3%～5% 为宜，氧气浓度以 5% 为宜，但是气调贮藏设备要求很高。目前多采用自发气调贮藏的方法即采用合适厚度的聚乙烯薄膜包装，低温自发气调可使荔枝的贮运期达 30～40 天。

三、任务实施

1. 基本原理

气调贮藏法是近年国内外发展较快的一种贮藏技术，通过调节产品周边环境的气体成分，在特定的相对低温下，适当降低氧气含量和提高二氧化碳含量，抑制荔枝果实呼吸作用，降低酶的活性，达到贮藏保鲜效果。

温湿度：低温是降低荔枝呼吸率，延长其贮藏期的重要条件。在 1～5 ℃下，荔枝可贮存 1 个月，色、香、味基本不变。荔枝的贮藏条件因品种不同有一定差异，但一般低温贮藏适温为 2～4 ℃，相对湿度为 90%～95%。温度过低易产生冷害，过高则腐烂加重。湿度过低易导致失水褐变。

气体成分：气调贮藏可保持湿度，抑制多酚氧化酶活性，因而对保持果实色、香、味具有显著效果。但在气调贮藏下，其适温比普通低温贮藏略高 1～2 ℃。荔枝对气体条件的适应范围较广，只要二氧化碳浓度不超过 10%，即不致发生生理性伤害。适宜的气调条件为温度 4 ℃，二氧化碳浓度 3%～5%，氧气浓度 3%～5%。在此条件下可贮藏 40 天左右。

2. 操作方法

（1）小袋包装法。在荔枝八成熟时采收，采收当天用 52 ℃的 0.05% 苯莱特、0.1% 多菌灵、0.1% 托布津或 0.05%～0.1% 苯莱特加乙磷铝浸泡 20 秒。捞出沥干药水后装入聚乙烯塑料小袋（袋厚 0.02～0.04 mm）或盒中，每袋装 0.2～0.5 kg，并加入一定量的乙烯吸收剂（高锰酸钾或活性炭）后封口，然后放到装载容器中贮运。在 2～4 ℃下可保鲜 45 天。

（2）大袋包装法。按上述小袋包装法进行采收及浸果，捞出沥干药水后，选好果装入衬有塑料薄膜袋的果箱或箩筐等容器中，每箱装果 15～25 kg，并加入一定的高锰酸钾或活性炭，将薄膜袋基本密封，在 3～5 ℃下可保鲜 30 天左右。若袋内氧气浓度为 5%、二氧化碳浓度为 3%～5%，则可以保鲜 30～40 天。

四、学习拓展

荔枝保鲜技术关键。

（1）选择适宜品种。虽然荔枝果实耐贮性较差，但是品种间仍有一定差异，宜选择中、晚熟品种中耐贮性较好的淮枝、桂味、白蜡、尚书怀、乌叶荔枝等进行贮藏。

（2）适时无伤采收。掌握适宜的采收成熟度是荔枝贮藏的关键技术之一。不同的贮藏方法所要求的最适采收成熟度不同。一般低温贮藏，应在荔枝充分成熟时采收，果皮越红越鲜艳其保鲜效果越好。但若采用低温下的自发气调贮藏（如用薄膜包装、成膜物质处理等），则以果面2/3着色、带少许青色（八成熟）采收为好。采收时间应选在晴天早晨日出之前，不带叶整穗采下。注意避免日晒雨淋，以免产生裂果或田间带菌。

（3）及时进行采后处理。荔枝采后应迅速移至阴凉处，进行预冷散热，并及时剔除破裂果、病虫害果及褐变果。整个过程要仔细操作，轻拿轻放。避免一切机械损伤，并注意防止病菌传播。气调贮藏的荔枝果实要尽快进入气调环境。远程运输和低温贮藏的荔枝，经预冷及采后杀菌处理，待果温降低，果面药液晾干后再包装贮运。实践证明，贮运荔枝采用小包装（0.25～0.5 kg）比大包装（15～25 kg）效果好。包装、入贮越及时，保鲜效果越好，从采收到入贮一般在12～24小时内完成为佳。

（4）保持稳定的贮运条件。保持贮运环境稳定而适宜的温湿度及气体成分，是决定荔枝贮运保鲜成败的关键。应注意防冷防热，保湿保气，防止温湿度和气体成分变化过大，以免发生伤热沤腐、冷害、失水、干褐等。即使在销售过程中也不宜打开小包装，以利延长荔枝的货架寿命。

五、任务巩固

（1）荔枝低温贮藏适宜的温湿度是多少？

（2）气调环境下何种气体成分比例适宜荔枝保存？

六、考核要求

考核要求见表3-4。

表3-4 荔枝低温气调贮藏技术考核要求

评价内容	分值	学员自评	教师评价
复述荔枝低温贮藏适宜温湿度	20		
按操作方法实施操作	40		
准确完成任务巩固内容	40		
总评			

任务四　探究荔枝低温冷藏技术

一、学习目标

（1）了解荔枝低温冷藏技术操作方法。

（2）根据技术要求进行操作演示。

（3）通过学习防腐剂、杀菌剂的使用，形成科学、合理使用添加剂的观念。

二、知识要点

荔枝贮藏温度应严格控制在 1～7 ℃。低于 1 ℃，果实易发生冷害，引起褐变；高于 7 ℃，果实的呼吸作用较强，包装袋内二氧化碳浓度积累较快，在达到影响品质的临界浓度时，会加速荔枝果实的变质和腐烂。3～5 ℃ 是比较理想的贮藏温度，0.025～0.03 mm 则是较理想的包装薄膜厚度，用该法贮藏一般可保鲜 30 天左右。如果把采收后的果实放在含有 5% 氧气和 3%～5% 二氧化碳的容器中，置于 3～5 ℃ 冷库中贮藏，可保鲜 40 天以上。

三、任务实施

（1）预冷和防腐。选取成熟度一致，无病虫害的荔枝果实，采后立即采取防腐处理，一般做法是荔枝经挑选分级后，用 0.1% 漂白粉溶液清洗。然后将防腐剂配制成 5～10 ℃ 的溶液，将荔枝果实在其中浸泡 5～10 分钟，同时进行防腐和预冷处理。防腐处理可用 500 mg/kg 咪鲜胺类杀菌剂、500 mg/kg 抑霉唑或 1000 mg/kg 噻菌灵溶液，浸果 1 分钟，然后取出晾干。杀菌剂的残留量应符合《食品安全国家标准　食品中农药最大残留限量》（GB 2763—2021）的有关规定。

（2）低温贮藏。沥干水分，用塑料小盒包装、密封，在 5 ℃ 低温下贮藏。

四、学习拓展

荔枝在 5 ℃ 下贮藏 30 天好果率为 85% 左右。但荔枝在冷藏中易发生冷害，温度越低冷害程度越重。如 1 ℃ 下贮藏 30～35 天荔枝会遭受不可逆冷害；但 5 ℃ 下贮藏 30～35 天的荔枝，其冷害可逆，当荔枝移回到常温条件下时，可恢复果实品质。

在冷藏中要特别注意库温的恒定，不要有过大的温度波动，温度波动过大会加重褐变的发生；采收要立即预冷，从采收到预冷的时间不要超过 12 小时，否则影响贮藏效果；要用小包装密封贮藏，在贮藏过程中不宜打开小包装，以保持一定浓度的二氧化碳。

五、任务巩固

（1）荔枝理想的贮藏温度是多少？

（2）温度低于多少荔枝易发生冷害？

六、考核要求

考核要求见表3-5。

表3-5　荔枝低温冷藏技术考核要求

评价内容	分值	学员自评	教师评价
复述荔枝理想贮藏温度	20		
按操作方法实施操作	40		
准确完成任务巩固内容	40		
总评			

任务五　设计荔枝运输包装

一、学习目标

（1）了解荔枝运输包装设计。

（2）学会根据设计和使用要求选用合适的包装。

（3）培养节约资源、保护环境的生态意识。

二、知识要点

荔枝的包装方式会在将来逐步融入市场中，成为佳品礼盒的一种常用方式。提高包装、保鲜水平是所有鲜果贮运必须解决的问题，这也是未来水果行业发展的趋势，选择合理的包装方式，可以极大地改善贮存保鲜功能，带来更大的经济效益。

三、任务实施

1. 材料选择

就现有材料而言，能够满足荔枝保鲜功能、方便储运同时又环保的荔枝包装的材料较多。荔枝的内包装使用气调包装盒，可以采用聚丙烯、聚乙烯、环保复合型材料等。荔枝的外包装及运输包装使用可降解的纸质包装，纸质包装是最早的环保材料，它易分解，也能够循环利用。

2. 结构设计

荔枝的内包装方式是以功能为主，采用气调包装，有盒式气调与袋式气调2种包装方式，不仅对荔枝有保鲜的作用，同时也能在运输途中让包装内的果品得到缓冲避免挤压，起到一定的保护作用。

而荔枝的外包装与运输的包装要考虑承载能力强、易堆叠、易通风。荔枝外包装应该有开孔，以便通风散热，因此在荔枝的包装箱的开孔率要大于12.3%，在差压式遇冷的过程中相对适宜的开孔率要大于17.1%（图3-3）。

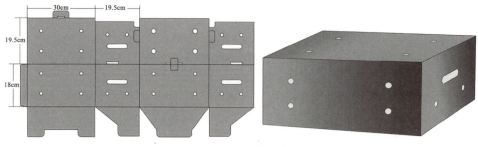

图 3-3　一种荔枝包装箱

一般荔枝内包装装载量以 0.5 ~ 1.0 kg 为宜，外包装可装载 5 ~ 10 kg。在设计荔枝外包装时要充分考虑堆码和通风问题，这些因素都会在运输途中影响荔枝品质。

3. 商品化包装设计要求

（1）包装材料。荔枝的外包装可根据市场要求选用纸箱、塑料箱、泡沫箱、竹篓等。内包装可使用聚乙烯薄膜袋（厚度 0.02 ~ 0.03 mm）或防雾聚乙烯袋（厚度 0.02 ~ 0.03 mm）（图 3-4）。

图 3-4　荔枝包装

（2）包装要求。牢固、透气、洁净无毒。纸箱包装应符合《运输包装用单瓦楞纸箱和双瓦楞纸箱》（GB/T 6543—2008）的规定，塑料筐应符合《食品塑料周转箱》（GB/T 5737—1995）的规定，聚乙烯薄膜袋应符合《食品安全国家标准　食品接触用塑料材料及制品》（GB 4806.7—2016）的规定。所有包装材料均应符合国家相关规定。

（3）包装容量。纸箱、小竹篓容量一般不超过 5 kg，塑料筐容量和泡沫箱容量一般不超过 10 kg，也可根据签订的合同规定包装。

（4）标志与标签。包装上应印有以下标志。

①产品名称、品种名称及商标。

②执行的产品标准编号。

③生产企业（或者经销商）名称、详细地址、邮政编码及电话。

④产地（包括省、市、县名，若为出口产品，还应冠上国名）。

⑤等级。

⑥净含量。

⑦采收日期。

⑧标注文字应清晰，不易褪色，无毒。

四、学习拓展

荔枝运输包装类型介绍。

（1）冷链运输包装（图 3-5）。荔枝采摘后的加工、包装、运输、存储、零售等环节都应处于适合的低温状态下，最大限度地实现荔枝果品的保鲜。冷链运输对荔枝的包装要求较为简单，主要是防止荔枝被挤压造成破损。

图 3-5　荔枝运输

（2）简易冷链运输包装。将荔枝单果装入放有冰袋的聚乙烯泡沫箱，用胶带密封泡沫箱，再将泡沫箱放入纸箱。运输过程中，依靠冰袋产生的制冷效果维持箱内的相对低温，以达到保鲜效果。

（3）常温气调包装。气调包装即向盛装荔枝的密封袋中注入二氧化碳、氮气等气体，通过降低袋内氧气含量抑制鲜果呼吸以及乙烯的生成，延缓水果的后熟作用，进而实现保鲜。

（4）涂膜包装。将调制的复合型液体，通过喷洒、涂抹、浸润等方式，使液体附着在鲜果表皮，经过固化后形成保护膜，从而降低水分散失，抑制果实呼吸，促进果品保鲜。

五、任务巩固

（1）荔枝运输包装类型有哪些？

（2）荔枝运输可选择的包装材料有哪些？

六、考核要求

考核要求见表3-6。

表3-6　荔枝运输包装设计考核要求

评价内容	分值	学员自评	教师评价
复述荔枝包装可选择的材料	20		
根据设计和使用要求选用合适的包装	40		
准确完成任务巩固内容	40		
总评			

项目四　杧果贮运

近 10 年来，广西杧果产业发展迅速，种植面积和产量稳步增长。根据广西壮族自治区水果技术指导站的统计数据，2021 年广西杧果种植面积达 10.56 万公顷，产量达 110.5 万 t，比 2011 年（18.34 万 t）增加了 5 倍。广西杧果产量约占全区园林水果总产量的 4%，占全区热带水果总产量的 20%。

杧果产业已经成为广西经济发展的支柱产业。广西目前种植的杧果品种主要有台农 1 号杧、桂七杧、金煌杧、桂热 10 号杧、红象牙杧、贵妃杧、热农 1 号杧和凤凰杧 8 个。杧果为浆果状核果，属呼吸跃变型水果。其生长于热带亚热带地区，对低温比较敏感，一般在 10 ℃左右即出现冷害，高温则加速腐烂，密封又易变质出现异味，不易贮藏。杧果成熟期正值高温多雨季节，青色时采摘，在常温下迅速后熟。因此，贮藏杧果的适宜温度既不能高也不能低，对温湿度要求均较为严苛。本项目基于较常用的杧果贮藏保鲜技术，介绍杧果的产前、采收及贮藏运输保鲜技术和具体做法。

任务一　学习杧果采前套袋技术

一、学习目标

（1）了解杧果采前套袋技术操作方法。

（2）根据技术要求进行操作演示。

（3）通过学习套袋技术，形成整体把控、综合防治的生产观念。

二、知识要点

广西雨热资源丰富，雨热同季，但同时也带来许多病虫害，给杧果生产带来较大的危害，每年因病虫为害造成的损失占杧果总产量的 30% 以上，若不及时防治有时甚至造成失收。虽用药物防治可保住部分产量，但用药量和次数太多，又增加了农药的残留量。

解决这个问题的最好方法是进行套袋培育。套袋能防止病菌感染、传播，以及昆虫等侵害果实；防止空气中有害物质及酸雨污染果实，强光照紫外线灼伤果实表皮；避免果实与其他物质相互摩擦损伤果面；减少喷药（农药）次数，避开农药与果实接触，降低农药残留量，生产符合无公害、绿色食品标准的优质杧果；为生育期的果实营造优良环境、改善着色、增加果皮蜡质，提高果面的光滑度及光泽；增加单果重，提高商品率，提高单位面积产量等。

套袋水果外观美、肉质好、安全、卫生，有利于达到无公害、绿色食品标准，售价比不套袋果实高出 30% 以上，甚至高出几倍，经济效益、生态效益、社会效益显著。杧果套袋当年见效，果农收入增加，消费者吃得放心。水果套袋技术是当今生产无公害食品、绿色食品、有机食品的有效技术措施，是一项利国利民的实用技术，农业农村部于 2021 年初将水果套袋技术列入重点推广技术。

三、任务实施

1. 套袋材料

杧果套袋材料有塑料薄膜袋、无纺布袋和纸袋等，生产中多选择纸袋（图4-1）。而纸袋材料的选择因品种而异，主要根据果皮颜色选择套袋材料。如杧果果皮成熟时呈黄色，纸袋宜选用白色单层、灰黄单层或外黄内黑双层；果皮成熟时呈紫红色，纸袋可选用白色单层或外灰内红双层。套用外黄内黑或白色单层纸袋的果实，采后果皮颜色、果面光洁度、果实耐贮性较优。

图4-1　纸袋

2. 套袋时间

杧果套袋宜在晴天实施，套袋时间因地区、品种及栽培条件而异。通常选择第二次生理落果结束后、幼果鸡蛋大时进行套袋。套袋过早，人工操作时易伤到幼嫩果柄，影响果实生长发育；套袋太迟，幼果个体较大套袋操作难度增加，还可能产生机械损伤，影响外观，且幼果还可能已被病虫为害，达不到预期的效果。

3. 套袋技术操作

（1）套袋前准备。套袋前应先剪除病虫果、畸形果和落果的果梗，然后合理疏果，根据植株生长势以及管理情况，每穗留果 1～2 个，并合理控制树体负载量，达到当年增产、来年能稳产的目的。同时，对植株进行合理修剪，疏剪病虫枝、交叉枝，使树体通风透光，修剪后进行 1 次全园喷药防治病虫。可在套袋前 7 天和 1 天对果面各喷 1 次 2.5% 氰菊酯 2000 倍稀释液与 50% 甲基托布津可湿性粉剂 1000 倍稀释液混合液，喷药时也可适量加入叶面肥以提高果实产量和品质，如 0.2% 磷酸二氢钾、0.2% 氯化钙、0.1% 硼砂或其他叶面肥，但浓度不宜过高，不可施用过量，以防毒害。喷药后如遇雨天，应选择合适时间进行重喷。

（2）套袋方法。先撑开纸袋，拿好幼果果柄，避免果柄发生机械损伤，然后拿着纸袋将幼果套入袋中，把袋口向中部折叠，绕果柄扎紧，封口处距果柄基部约留 5 cm（图 4-2）。套袋时，纸袋底部漏水孔朝下，幼果在袋内悬空，内侧袋纸不粘贴果皮，同时防止袋内积水。

第一步　　　　　第二步

第三步　　　　　第四步

图 4-2　套袋方法

图 4-3　套袋后

（3）套袋后管理。杧果套袋后，还要做好果园病虫害的防治工作。定期进行检查，发现漏套的要及时补套，套袋口松动的需重新扎紧，果实开裂或黏在袋子上的要及时处理。

四、学习拓展

杧果套袋后注意事项如下。

（1）套袋后，每隔 15 ～ 20 天应抽查 1 次，有时喷药不彻底，袋内可能会发生蚧壳虫、红蜘蛛等虫害，必须及时防治并重新套袋。

（2）套袋应完全，不可有些套有些不套，否则会造成病虫害交叉感染，增加防治难度，降低套袋效果。

五、任务巩固

（1）杧果套袋时间太早和太迟分别有什么危害？

（2）杧果生产上一般采用的套袋材料是什么？

六、考核要求

考核要求见表 4-1。

表 4-1　杧果采前套袋技术考核要求

评价内容	分值	学员自评	教师评价
复述杧果套袋时间	30		
复述套袋操作方法	30		
准确完成任务巩固内容	40		
总评			

任务二 探究杧果采后热处理技术

一、学习目标

（1）了解杧果采后热处理技术操作方法。

（2）根据技术要求进行操作演示。

（3）通过学习热处理流程，提高生产计划性、条理性意识。

二、知识要点

采后热处理技术是近年来快速发展的果蔬采后处理技术之一，广泛应用于果蔬保鲜与检疫除害处理上，可有效控制果蔬采后病虫害，改善果实品质，减轻果蔬冷害，从而提高果蔬商品率并延长货架期。

目前，热处理杀灭检疫性害虫已经进入商业化应用，在果品采后处理技术发达的国家和地区，热处理已商业化或半商业化应用于杧果、番木瓜等热带水果的保鲜处理。杧果热处理保鲜技术是根据主栽品种的特性，明确其最佳热处理条件，研发出适于杧果采后处理的自动化热处理设备之后形成的一项完整的杧果采后热处理保鲜技术。

三、任务实施

1. 杧果采收成熟度

杧果的成熟度以达到生理成熟为宜（图4-4）。果实成熟度过低，热处理后易失水，后熟不正常；成熟度过高，达不到保鲜效果。

图4-4 成熟杧果

2. 热处理的温度与时间

热处理的温度及时间与杧果的品种、类型密切相关。广西主要杧果品种有台农1号杧、桂七杧、金煌杧、桂热10号杧、红象牙杧、贵妃杧、热农1号杧和凤凰杧等，在采摘后的24小时内采用51～55 ℃热水浸泡5～15分钟即可，但对于部分品种（如台农 1 号）的败育果实，需采用 47 ℃热水浸泡 20 分钟。温度过低、处理时间太短都会降低热处理效果，温度过高、时间太长则会产生热伤害。

3. 保鲜剂的使用

热处理过程中，在热水中加入咪鲜胺（45% 水乳剂 6000 ～ 8000 倍稀释液）可显著增加杧果的保鲜效果。

4. 热水处理

（1）浸果式处理。将处理池中的水温调至比适宜处理温度高 1 ～ 2 ℃，将处理筐装载的果实浸入热水中，并使水温稳定至处理温度，从浸果开始计时，浸果时间为适宜处理时间（5 ～ 15 分钟）。

（2）传送式处理。将处理池中的水温调至适宜处理温度，果实通过传送依次浸入热水中，并使水温稳定至处理温度，从浸果开始计时，至果实传出热水处理池的时间为适宜处理时间（5 ～ 15 分钟）。

5. 降温与风干

热水处理后的果实采用冷水（21 ℃以上）和强力风进行快速降温和风干，30 分钟内果实果心温度，降至 30 ℃以下为宜。常温运输时，6 小时内应使果实果心温度降至室温；低温贮运时，12 小时内果实果心温度降至 13 ～ 15 ℃。

四、学习拓展

杧果热处理流程：恒温热水浸泡或保鲜剂热水溶液浸泡—风干—分级—包装—贮运。

（1）热处理。热处理设备稳定运转后开始投放杧果，并及时调整投放速度，至水温稳定在设定温度（即杧果品种要求温度）时，视为最佳投放速度。

（2）风干与分级。热处理的杧果经传送带进入风干区，强风风干后经传送带进入分级流程。

（3）包装。对分级后的杧果进行包装，用发泡网袋套好后整齐放入瓦楞纸箱中并标注果实大小级别。

（4）贮运。包装后的果实直接进入预冷库进行预冷，当温度降到 13 ～ 15 ℃时，进行冷藏贮运。

五、任务巩固

（1）用于处理杧果的热水适宜温度范围为多少？

（2）热水中加入什么对杧果保鲜具有显著的增效作用？

六、考核要求

考核要求见表 4–2。

表 4–2 杧果采后热处理技术考核要求

评价内容	分值	学员自评	教师评价
复述杧果热处理流程	40		
按操作方法实施操作	20		
准确完成任务巩固内容	40		
总评			

任务三 探究杧果采后杀菌技术

一、学习目标

（1）了解杧果采后杀菌技术操作方法。

（2）根据技术要求进行操作演示。

（3）通过学习杀菌药剂的使用，树立科学的食品安全观念。

二、知识要点

杧果为呼吸跃变型水果，采后迅速后熟，6 ～ 8 天便出现乙烯浓度高峰，随后逐渐出现炭疽病、蒂腐病等，果实耐贮藏性和抗病性显著下降。应掌握合适的采收时期，长途运输的杧果在果实绿熟时即可采收。采后采取措施控制果实的后熟进程和腐烂发生。杀菌处理可有效防止病原菌侵染，控制果实采后腐烂及腐烂的蔓延。

三、任务实施

1. 药剂常温浸泡处理

使用 50% 施保功 500 倍稀释液、70% 甲基托布津 700 倍稀释液或 0.25% 多菌灵（图 4–5）加 3% 氯化钙溶液浸泡果实 15 分钟，不仅可有效抑制果实采后炭疽病的发生，而且还可延长果实后熟的转黄期。

2. 热水加农药浸泡处理

把经漂洗、分级后的果实放于 52 ～ 54 ℃热水加苯莱特 500 ～ 1000 mg/kg、特克多 1000 mg/kg、多菌灵 500 ～ 1000 mg/kg 或甲基托布津 500 ～ 1000 mg/kg 中浸泡 10 分钟，然后将果实晾干、冷却后包装。该法对果实炭疽病有较好的防治效果，但对蒂腐病防治效果较差，对果实有催熟作用。

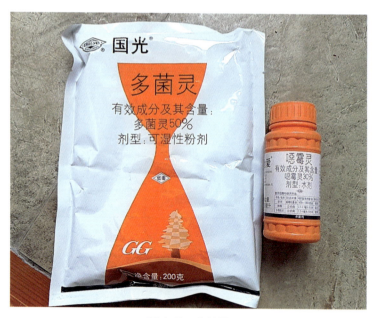

图4-5　多菌灵

3. 高锰酸钾药剂处理

用蛭石、红砖碎片、沸石或三氧化二铝等吸附饱和高锰酸钾（图4-6）溶液，然后烘干，装成小包装，置于包装箱内，吸附或分解杧果释放的乙烯，延缓果实的成熟速度。

图4-6　高锰酸钾药剂

四、任务巩固

（1）杧果常温浸泡处理可选药剂有哪些？

（2）杧果采后杀菌处理有何好处？

五、考核要求

考核要求见表4-3。

表4-3　杧果采后杀菌技术考核要求

评价内容	分值	学员自评	教师评价
复述杧果常温浸泡处理流程	20		
按操作方法实施操作	40		
准确完成任务巩固内容	40		
总评			

任务四　学习杧果后熟调节处理技术

一、学习目标

（1）了解杧果后熟调节处理技术操作方法。

（2）根据技术要求进行操作演示。

（3）培养严谨细致、一丝不苟的工作作风。

二、知识要点

杧果果实从生理成熟期到食用成熟期的阶段称为果实后熟期，采摘后有一个自行完成熟化的过程，这就是后熟作用。为利于运输或贮藏，杧果需要提前采摘，其目的是通过控制杧果自身的后熟作用，延长运输时间、储存期。

杧果上市前可在自然条件下后熟，后熟时间与气温有关。但在商业操作上，为了让杧果成熟均匀一致，一般采用人工催熟的方法。人工催熟方法有水果催熟、大米催熟、高温催熟和药物催熟等，本任务主要介绍商业上最常采用的药物催熟方法。

三、任务实施

1. 基本原理

果实催熟的原理是利用适宜的温度或其他条件，以及某些化学物质及气体如乙醇、乙烯、乙炔等来刺激果实的成熟作用，加速果实成熟。摘下的水果并未完全成熟，需要用催熟剂催化成熟。水果自然成熟的作用物质是乙烯，它是植物自身的一种激素，能作为信号来刺激水果迅速成熟，而人工催熟的过程，就是模拟这种机理，人为施用乙烯气体或乙烯释放剂（乙烯利）来诱发水果启动成熟过程。乙烯是植物中天然存在的生长激素，对人体无害。

2. 操作方法

使用 500 ～ 800 mg/kg 乙烯利溶液向果面喷雾或进行药浴，处理后必须将果皮表面的药液晾干。催熟的适宜温度为 20 ～ 28 ℃，相对湿度为 85% ～ 90%。先在密闭环境中处理 24 小时，然后通风换气，3 ～ 5 天后果实即可达到半熟。

四、学习拓展

杧果催熟注意事项。

（1）杧果催熟并不是个简单的过程，和温度、湿度都有关系。如果湿度太大，空气不流畅，杧果无法呼吸，果肉易溃烂。但如果空气太干燥，仅靠杧果体内的水分支撑，果肉就会失去很多水分以致果品萎蔫。

（2）在催熟的过程中，杧果已经微熟的情况下，应放在常温下使其继续成熟。如果已经到达最佳的食用品质，此时再继续放置，果肉则容易腐烂。

五、任务巩固

（1）杧果催熟受哪种气体的作用？

（2）食用催熟的果实对人体有害吗？

六、考核要求

考核要求见表 4-4。

表 4-4　杧果后熟调节处理技术考核要求

评价内容	分值	学员自评	教师评价
复述杧果催熟的原理	30		
按操作方法实施操作	30		
准确完成任务巩固内容	40		
总评			

任务五　探究杧果贮藏保鲜技术

一、学习目标

（1）了解杧果贮藏保鲜技术操作方法。

（2）能根据技术要求进行操作演示。

（3）培养勤于实践，勇于创新的工作态度。

二、知识要点

杜果是一种呼吸跃变型水果，成熟到一定程度后，果实呼吸强度和乙烯产生量迅速上升，达到高峰后下降，此时果实的色、香、味发生显著的变化，果肉软化，皮色转黄，淀粉、维生素 C 及酸含量下降，可溶性固形物和糖含量增加，贮藏性和抗病性明显下降，果实极易腐烂变质。杜果成熟期正值高温多雨季节，果实青色时采摘，在常温下后熟。杜果对低温较为敏感，一般在 10 ℃左右较易发生冷害，出现异味。因此，贮藏杜果的温度不宜过高或过低，对贮藏环境要求比较严苛。

目前针对杜果的贮藏保鲜方法有热处理、臭氧处理、涂膜保鲜、降压冷藏和气调贮藏等。本任务结合生产实际，基于低温冷藏和气调贮藏介绍杜果贮藏保鲜的方法、操作及流程。

三、任务实施

1. 处理流程

成熟杜果适时采收（图 4-7）—果柄修整—及时运到阴凉处—发汗擦净—分级—防腐处理—阴凉风干—包装—贮藏。

图 4-7　杜果采摘

2. 运输保鲜

杧果采收后，先在室内摊放一昼夜，使其发汗。然后用湿布擦净果面，分级包装。先用舒果网套住杧果，再分层装入纸箱内（一般有 2.5 kg、5 kg、10 kg、15 kg 等规格）。装箱前，先在箱底垫上纸屑，然后再放杧果，层与层之间用纸屑填充，以防果实在运输途中挤压受伤，最上层放置一块安喜布。青色的杧果必须及时运输、防腐、保鲜，否则会造成大量腐烂。

3. 贮前处理

为提高贮藏效果，杧果采后必须尽快贮藏，贮前应进行适当处理。用于贮藏的杧果要选无病虫害、无伤的好果，将选出的好果进行清洗，去掉污迹及果柄溢汁，洗好后捞出，用干净的冷水冲洗，摊开晾干，再选果包装贮藏。在洗果的同时最好结合防腐杀菌处理（方法可参见前面任务的介绍），可以防止炭疽病、蒂腐病的发生。

4. 低温贮藏

杧果成熟采收时气温较高，若直接放入低温环境易发生冷害，因此贮藏的温度应逐步下降。具体方法是将适时采收的无伤好果经贮前处理后用透气的舒果网逐个包裹，仔细装箱，装果量以 15～20 kg 为宜，最后在上层放置安喜布。置 15～20 ℃的通风环境下散热 1～2 天，然后将温度调至 15 ℃存放 1～2 天，再调至最适温度 10～12 ℃的环境下贮藏，保持相对湿度 85%～90%。

5. 气调贮藏

将经过防腐杀菌处理、预冷发汗后的好果用 0.03～0.04 mm 厚的聚氯乙烯薄膜袋包装，在温度 13 ℃和相对湿度 85%～90% 的条件下，控制氧气浓度 5% 和二氧化碳浓度 5%～8% 的气体浓度指标，利用其自身呼吸形成低氧和较高二氧化碳的气体浓度，延缓杧果的后熟衰变过程，可延长杧果贮运时间 2～15 天，贮藏期达 1 个月左右。但应注意贮藏结束时应去掉聚乙烯薄膜小袋，防止发生高浓度二氧化碳伤害。贮后杧果需在 21～24 ℃条件下后熟，改善其品质和风味。若贮藏中氧气浓度达 8% 左右，二氧化碳浓度达 6% 左右，则效果好，若二氧化碳浓度超过 15%，杧果不能正常转色和成熟。

四、学习拓展

1. 杧果贮藏注意事项

杧果的适宜后熟温度为 21～24 ℃，高于或低于该范围均难得到良好结果。温度超过该范围会使后熟的果实风味不正常，如温度为 15.6～18.3 ℃，果实虽亦可良好地着色，但果肉有酸味，需再放到 21～24 ℃的环境下成熟 2～3 天，使其甜味增加，改善品质。

杜果成熟过程中形成的乙烯会加速其后熟衰变，贮藏时应采用适宜的低温，并尽量保持贮藏环境中空气的新鲜，避免通风不良、乙烯积累造成的不利影响。

2. 杜果最佳贮藏指标

（1）温度：12～13 ℃。

（2）气体：氧气浓度2%～5%，二氧化碳浓度5%～8%。

（3）湿度：85%～90%。

（4）冷害阈值：一般品种温度。

（5）气体伤害阈值：二氧化碳浓度 > 15%。

（6）贮藏期：20～40天。

五、任务巩固

（1）杜果最佳贮藏温度范围是多少？

（2）杜果贮藏宜在哪个阶段做防腐处理？

六、考核要求

考核要求见表4-5。

表4-5 杜果贮藏保鲜技术考核要求

评价内容	分值	学员自评	教师评价
复述杜果贮藏保鲜处理流程	20		
根据操作方法实施操作	40		
准确完成任务巩固内容	40		
总评			

任务六　设计杜果运输包装

一、学习目标

（1）了解杜果运输包装设计方法。

（2）学会根据设计和使用要求选用合适的包装。

（3）培养爱护环境、节约资源的环保意识。

二、知识要点

杜果的包装方式逐步融入市场中，提高包装、保鲜水平是所有果品必须解决的问题，这也是水果行业发展的趋势，选择合理的包装方式，可以极大地改善贮存保鲜功能，带来更大的经济效益。

三、任务实施

1. 材料选择

用于水果保鲜包装的包装材料种类很多，目前常用的包装材料主要有塑料薄膜、塑料片材、蓄冷材料、保温材料、瓦楞纸箱等。杧果的包装可采用纸箱，选择比较硬、厚实的，里面用纸花或瓦楞纸填充，防止碰撞、挤压。

保鲜包装用片材以高吸水性的树脂为基材。加入活性炭后的片材，具有吸湿、放湿的功能，也可吸收乙烯、乙醇等气体；混入抗菌剂的片材，可作为瓦楞纸箱和薄膜小袋中的调湿材料、凝结水吸收材料，缺点是这种吸水性片材在吸湿后容易形成微生物繁殖的场所。

2. 杧果包装方式

杧果保鲜最重要的是预防机械伤和炭疽病发生，延缓果实软化腐烂。杧果在采收和运输期间发生机械伤是不可避免的。可采用纸箱和加厚网套或用透气的棉筋纸逐个包裹，仔细装箱或放在果筐内。单层果箱宜紧密排放，果蒂向下，每一包装内的果实大小必须一致，可用衬垫材料辅助包装。大批成堆杧果包装，可放入筐、箱（20～25 kg容量）（图4-8）。

图4-8　杧果包装

3. 商品化包装设计要求

（1）材料要求：外包装材料要求无毒、无污染、强度符合运输要求。用于制作纸板的瓦楞纸板应符合《瓦楞纸板》（GB/T 6544—2008）的规定，瓦楞纸箱抗压强度、制作及外观应符合《运输包装用单瓦楞纸箱和双瓦楞纸箱》（GB/T 6543—2008）和《包装容器 重型瓦楞纸箱》（GB/T 16717—2013）的规定。瓦楞纸的两侧开直径约 30 mm 的通气孔，面积占纸箱表面积的 3%～5%。内包装可采用单果包装，应采用泡沫棉或其他符合《食品安全国家标准 食品接触用塑料材料及制品》（GB 4806.7—2023）规定的材料，同时采用无毒干净的吸水材料做铺垫。

（2）包装容量：每箱装杜果容量为 2.5～5 kg 为宜，也可根据供需双方约定执行。

（3）包装要求：同一包装箱内的果实产地和品种应一致，质量和大小均匀。包装中可见部分的杜果应代表包装内的全体，包装箱内杜果应与标示的等级规格一致。

（4）标志与标签：标志应按《包装储运图示标志》（GB/T 191—2008）的规定执行。取得农产品质量安全、地理标志保护等证书的，按有关规定印刷或粘贴防伪标识。运输收发货标志应按《运输包装收发货标志》（GB/T 6388—1986）的规定执行。标签内容应标明品名、品种、等级、产地、净重、包装日期及生产者。在包装箱的相同部位，印刷或粘贴标签，标签字迹清晰容易辨认，不易褪色，无毒。

四、任务巩固

（1）杜果运输包装类型有哪些？

（2）杜果运输可选包装材料有哪些？

五、考核要求

考核要求见表 4-6。

表 4-6　杜果运输包装设计考核要求

评价内容	分值	学员自评	教师评价
复述杜果包装方式要点	30		
根据设计和使用要求选用合适的包装	30		
准确完成任务巩固内容	40		
总评			

项目五　火龙果贮运

火龙果是一种花果兼赏、赏食兼用的热带亚热带水果，外形奇特、营养丰富，富含花青素、维生素和矿物质等。近几年，火龙果在隆安、上林、武鸣、扶绥等地普遍种植，是广西重要农业产业。但火龙果成熟时正值夏秋高温多雨季节，果实含水量高，呼吸旺盛，采后在常温下贮藏极易失水皱缩，甚至腐烂而失去商品价值，因此火龙果采后的贮藏保鲜值得关注。

火龙果按果皮及果肉颜色可分为3类：①白肉火龙果，果皮为紫红色，果肉为白色，鲜食品质一般；②红肉火龙果，果皮、果肉均为红色至紫红色，鲜食品质较好；③黄肉火龙果，果皮为黄色，果肉为白色，鲜食品质最好。不同类型的火龙果耐贮性差异明显，红肉火龙果果皮薄，比白肉火龙果耐贮性差。广西主要栽培的火龙果品种为白肉火龙果和红肉火龙果。

本项目从火龙果采收技术、正确使用火龙果保鲜剂、火龙果低温贮藏技术、火龙果热处理技术、火龙果包装运输设计等5个方面介绍火龙果采后贮藏与运输的技术和方法。

任务一　学习火龙果采收技术

一、学习目标

（1）了解火龙果采后生理特性。

（2）掌握操作火龙果采收步骤。

（3）体验火龙果采收技术的应用效果，践行科学农业、智慧农业的新型职业理念。

二、知识要点

适时、科学完成采收工作对采后水果商品化处理过程、贮藏和运输效果的影响极大。过早采收，果内营养成分还未完全转化，影响果实的品质和产量；过迟采收，则果质变软，风味变淡，品质下降，不利于运输和贮藏。应选择适宜气候条件，规范操作步骤，从而减缓果实呼吸作用，降低机械损伤和病虫害侵染的概率，提升贮运效果。

三、任务实施

要做到适时、科学完成火龙果采收工作，需注意提前做好准备工作，确定采收日期，确保采摘、采后处理操作规范，具体内容见表5-1。

表5-1 火龙果采收技术

采收操作要点	原理
（1）做好准备工作，确定采收期。采前几周准备麻布、纸、塑料筐、圆头果剪等采收工具。用于贮藏的火龙果在花后25天采收，鲜销或加工的则在花谢后29天八成熟时采收，此时果皮由绿色逐渐变红色，果实微香	花后25天采收的果实，在常温贮藏时呼吸强度较低，能保持较高的总糖、维生素C等营养物质。八成熟的火龙果风味及品质较佳，能有效减缓果实病变
（2）适宜的天气采收。最好在温度较低的晴天早晨露水干后进行（图5-1）。大风大雨后则应隔2～3天采收	如雨天采收，水分过多，易滋生病虫；若烈日下采收，果温过高，呼吸旺盛，降低贮运品质
（3）操作规范。果筐内衬垫麻布、纸、草等物，用果剪从果柄处平剪果实，轻放于包装筐或箱内，尽量保留果梗	减少果实机械损伤。带果梗贮藏重量损失更少
（4）采后处理。果实应放在阴凉处，避免日晒雨淋。根据果实大小和饱满度进行初选、分级、包装	减少机械损伤，提高果实的商品档次

图5-1 火龙果采收

四、学习拓展

火龙果等级、规格参照农业农村部发布的《火龙果等级规格》（NY/T 3601—2020），见表5-2、表5-3。

表 5-2　火龙果等级要求

项目	要求		
	优等品	一等品	二等品
外观	果实饱满，果皮光滑紧实，叶状鳞片新鲜	果实饱满，果皮光滑紧实，叶状鳞片较新鲜	果实较饱满，果皮光滑，叶状鳞片轻微黄化
色泽	果皮和叶状鳞片具有该品种特有的颜色，均匀，有光泽	果皮和叶状鳞片具有该品种特有的颜色，稍有光泽	果皮和叶状鳞片具有该品种特有颜色，光泽不明显
缺陷	果形无缺陷，果皮和叶状鳞片无机械损伤和斑痕。果顶盖口无或仅有轻微皱缩或裂口	果形有轻微缺陷，果皮和叶状鳞片有缺陷，但面积总和不应超过总表面积5%。果顶盖口出现明显皱缩或轻微裂口	果形有缺陷，果皮和叶状鳞片有缺陷，但面积总和不应超过总表面积10%。果顶盖口出现明显皱缩或明显裂口

表 5-3　火龙果规格

品种类型	规格（g/个）			
	特大（XL）	大（L）	中（M）	小（S）
红皮白肉	＞500	401～500	300～400	＜300
红皮红肉	＞450	351～450	250～350	＜250
同一包装中最大果与最小果质量差异	≤50	≤40	≤30	≤20

五、任务巩固

根据以下天气预报和果园火龙果成熟度，你会选择在哪天采收火龙果？

六、考核要求

考核要求见表 5-4。

表5-4　火龙果采收技术考核要求

评价内容	分值	学员自评	教师评价
复述火龙果采收原理	40		
复述火龙果采收操作要点	30		
操作火龙果采收步骤	30		
总评			

任务二　正确使用火龙果保鲜剂

一、学习目标

（1）了解火龙果保鲜剂保鲜原理。

（2）掌握火龙果保鲜剂使用方法。

（3）体验保鲜剂在火龙果贮运的应用效果，树立食品安全、健康、绿色的观念。

二、知识要点

火龙果采摘后，需对其进行保鲜处理，保鲜剂在其中扮演着重要的角色。使用保鲜剂保鲜，操作简单、方便、造价低，是常用的火龙果保鲜手段。保鲜剂主要可分为防腐剂类保鲜剂、生理调节剂类保鲜剂和涂膜保鲜剂，三类保鲜剂保鲜原理见项目二任务三。

三、任务实施

1. 保鲜剂功效

各类火龙果保鲜剂功效见表5-5。

表5-5　各类火龙果保鲜剂功效

类别	保鲜剂	功效
防腐剂类保鲜剂	乙醇	杀死表层细菌
	氯化钙	能降低火龙果的腐烂率
	咪鲜胺	防治火龙果溃疡病和腐烂病等病害
生理调节剂类保鲜剂	赤霉素（GA_3）	抑制果实腐烂率和质量损失率，较好地保持果实的外观品质和营养品质
	水杨酸	抑制乙烯合成，使果实呼吸速率明显下降，推迟衰老
涂膜保鲜剂		因火龙果有叶状鳞片，表面不光滑平整，不容易形成完整的膜层，不是很适合火龙果保鲜

2. 保鲜剂使用方法

方法一：乙醇的使用浓度为 1000 μL/L，对火龙果进行熏蒸 3 小时即可；25% 乳油型咪鲜胺则在采果当天用 500 倍稀释液浸泡 2 分钟后捞起晾干；氯化钙使用浓度为 25 mg/L，浸泡 10 分钟，捞起晾干即可。处理结束后，火龙果装入保鲜袋贮藏。

方法二：使用 50 mg/L 的 GA_3 浸果 20 分钟后将果实晾干，立刻装入 PE 保鲜袋（厚度 20 μm）中贮藏即可。

四、学习拓展

咪鲜胺用量标准参照《食品安全国家标准　食品中农药最大残留限量》（GB 2763—2021）（表 5-6）。

表 5-6　咪鲜胺在食品中最大残留限量

食品类别 / 名称		最大残留限量（mg/kg）
蔬菜	大蒜	0.1
	葱	2
	蒜薹	2
	菜薹	2
	蕹菜	3
	辣椒	2
	黄瓜	1
	西葫芦	1
	丝瓜	0.5
	芦笋	0.5
	姜	0.1
	山药	0.3
	茭白	0.5

续表

食品类别 / 名称		最大残留限量（mg/kg）
水果	柑橘类水果（柑、橘、橙、金橘除外）	10
	柑	5
	橘	5
	橙	5
	金橘	7
	苹果	2
	梨	0.2
	枣（鲜）	3
	枸杞（鲜）	2
	葡萄	2
	猕猴桃	7
	柿子	2
	杨梅	7
	皮不可食热带和亚热带类水果（荔枝、龙眼、杧果、香蕉、火龙果除外）	7
	荔枝	2
	龙眼	5
	杧果	2
	香蕉	5
	火龙果	2
	西瓜	0.1

五、任务巩固

（1）保鲜剂的保鲜效果良好，是否可以无限量地使用？

（2）咪鲜胺用于火龙果时，用量应控制在多少？

六、考核要求

考核要求见表 5-7。

表 5-7　火龙果保鲜剂的使用考核要求

评价内容	分值	学员自评	教师评价
复述火龙果保鲜剂保鲜原理	30		
复述火龙果保鲜剂配方	40		
操作火龙果保鲜剂使用方法	30		
总评			

任务三　学习火龙果低温贮藏技术

一、学习目标

（1）熟悉火龙果低温贮藏的原理。

（2）熟练操作火龙果低温贮藏。

（3）体验低温贮藏对火龙果贮运的应用效果，形成严谨细致、一丝不苟的工作理念和作风。

二、知识要点

火龙果为非呼吸跃变型果实，乙烯释放量不高。常温贮藏 3 天后果皮失水皱缩，贮藏 7 天左右果实开始腐烂变质，出现霉变。低温冷藏是热带水果贮藏的主要方法之一，火龙果主要贮藏方法为冷藏。低温冷藏可有效控制微生物生长繁殖和抑制褐变相关酶活性，从而延缓火龙果腐烂变质。

三、任务实施

1. 低温贮藏原理

一般 5 ℃贮藏环境有利于维持火龙果果实色泽，减缓失重，提高果实可溶性固性物等营养物质，降低果实腐烂率。但过低的温度会对火龙果造成冷害，因此冷库温度不宜设置在 1 ℃以下。不同品种火龙果的冷害温度存在差异，贮藏温度的选择应视品种的耐低温特性来确定。

2. 低温贮藏技术

（1）预冷操作。预冷方式可采取冷库强风预冷或直接入冷库预冷的方式，预冷降温速度越快，储藏效果越好。建议预冷温度控制在 6 ～ 8 ℃。

（2）入库。冷库环境条件设定为温度 4 ～ 8 ℃、相对湿度 85% ～ 95%，保质期可达 20 ～ 25 天。

四、学习拓展

（1）如果没有经过预冷处理直接放进冷藏库，火龙果表皮骤然遇冷，容易被冻伤，而且果皮很快变软、色泽变暗，甚至果肉变质。

（2）冷库使用时注意做好贮前准备、产品入库和堆放、温湿度控制、通风换气、日常检查等工作，注意事项见项目二任务三。

五、任务巩固

火龙果的冷藏是不是温度越低贮藏效果越好？应该控制在多少？

六、考核要求

考核要求见表5-8。

表5-8　火龙果低温贮藏技术考核要求

评价内容	分值	学员自评	教师评价
复述火龙果低温贮藏技术原理	30		
复述火龙果低温贮藏操作要点	30		
操作火龙果低温贮藏	40		
总评			

任务四　探究火龙果热处理技术

一、学习目标

（1）熟悉火龙果热处理技术的原理。

（2）熟练操作火龙果热处理。

（3）体验热处理技术在火龙果贮运的应用效果，形成热处理技术对火龙果贮运的质量安全保证观念。

二、知识要点

热处理技术主要是利用热力杀灭或抑制果蔬上的害虫或病原微生物，从而改变果蔬生理代谢进程，达到贮藏保鲜的目的。

三、任务实施

1. 火龙果热处理技术原理

火龙果对热处理有很高的耐性，能有效杀死果蝇而不影响果实品质。将热处理与低温冷藏相结合，通过优化热处理工艺，可进一步提高火龙果的保鲜效果。不同品种、不同热处理方式要求的温度、处理时间不同，一般温度需控制在40～50 ℃，处理时间在20分钟以内。

2. 火龙果热处理技术

用48～50 ℃热水冲洗火龙果8～12分钟，然后放入5～15 ℃冷水中浸泡15～25分钟。捞起晾干后，用0.01 mm厚的塑料薄膜或保鲜袋包装，每袋3个果实，轻绑袋口后装箱置于7 ℃冷库中贮藏。

四、学习拓展

热处理是一种简单的物理方法，无药剂残留，对操作人员无害，不需要配备费用较高的设施设备进行保鲜，降低了火龙果商品化的成本。但对于国内的红心火龙果品种，还没有一个较为规范化的操作要求，温度过高和处理时间过长均可能会导致火龙果腐烂加快，如果操作不当可能达不到理想效果。

五、任务巩固

热处理技术相较于保鲜剂保鲜有何优劣之处？

六、考核要求

考核要求见表5-9。

表5-9　火龙果热处理技术考核要求

评价内容	分值	学员自评	教师评价
复述火龙果热处理技术原理	20		
复述火龙果热处理技术操作要点	30		
操作火龙果热处理	50		
总评			

任务五　了解火龙果包装运输设计

一、学习目标

（1）熟悉火龙果包装运输的原理。

（2）熟练操作火龙果包装运输。

（3）形成珍惜劳动成果、保障食品安全、质量安全的观念。

二、知识要点

火龙果的包装与运输至关重要。在运输前应对火龙果进行预冷，运输过程中要保持适当的、恒定的温度和湿度，避免过度堆叠，防止运输过程中果品损坏，注意防冻、防雨淋、防晒及通风散热。

三、任务实施

1. 火龙果包装

火龙果外包装常采用纸箱或塑料筐，有时使用泡沫箱；内包装多采用聚乙烯泡沫网套或聚丙烯袋单果包装（图5-2），用保鲜袋则不扎口，通常需要在保鲜袋上打孔以增加透湿效果，避免环境湿度过高导致腐烂发生；填充物采用纸隔板或聚乙烯泡沫垫。

包装设计须按产品的大小规格，同一规格应大小一致，整洁、干燥、牢固、透气、美观，无污染、无异味，内壁无尖突物，无虫蛀、腐烂、霉变等，纸箱无受潮、离层现象。同时，做好农产品包装设计，可提高农产品价值。

图5-2 火龙果包装现场

2. 火龙果运输

陆路运输是火龙果常见的运输方式，适用于短途运输。水路运输则适用于长途运输，特别是在温暖的气候下，可以保持火龙果的新鲜度。而航空运输，通常用于急需的情况或者高价值商品的运输。运输过程中要轻拿轻放防止碰压。

四、学习拓展

火龙果包装选用应符合《新鲜水果、蔬菜包装和冷链运输通用操作规程》（GB/T 33129—2016）。

五、任务巩固

火龙果从广西南宁运输到河南郑州，你会选用什么运输工具呢？

六、考核要求

考核要求见表5-10。

表5-10 火龙果包装运输设计考核要求

评价内容	分值	学员自评	教师评价
选出适合火龙果包装材料	30		
复述适合火龙果运输条件	20		
操作火龙果包装运输	50		
总评			

项目六　柑橘类贮运

柑橘种植业是广西重要农业产业，柑橘种植面积约530万公顷，年产量约1000万t。当前，广西种植的柑橘品种有砂糖橘、沃柑、金橘、脐橙、沙田柚等，其中砂糖橘和沃柑为种植面积较大。柑橘不同品种对贮藏条件要求略有差异，如砂糖橘皮薄不耐寒，在采前及远距离运输均需要做保温处理。为提高柑橘种植的经济效益，本项目主要以广西柑橘种植经验为例，介绍柑橘的采收及贮藏运输管理要求和具体做法。

任务一　学习柑橘采前水肥管理技术

一、学习目标

（1）认识柑橘采前水肥控制对后期保鲜贮藏的意义。

（2）能够依据实际情况使用地膜覆盖、采取合理施肥措施。

（3）通过合理施肥概念树立节约观念。

二、知识要点

近年柑橘采收主要采用完熟采收技术，果实品质较好，经济效益明显。但水分过多也易造成柑橘腐烂，不利于后期贮藏。果实进入成熟期时要控水，能提高甜度及延长贮存期。同时，采前肥也是关键的增收管理措施，可防止采收后树体虚弱落叶。

三、任务实施

1. 柑橘采前水分控制技术要点

原理：采前控制土壤水分，利于果实上色，使其色泽鲜艳，防止柑橘贮藏期烂果，甜度降低。

材料：地膜、农用薄膜。

方法：在采收前1个月中止灌水，使用地膜覆盖畦面，防止雨水直接进入畦面。杂草旺盛地区可使用防草地膜，通过工艺调整，布体渗水性可差异化定制。平整地区柑橘园检查排水情况，谨防果园沟内积水。雨水较多或温度较低地区，通过盖膜控制雨水、防寒保温。

2. 柑橘采前施肥技术要点

原理：氮肥促进柑橘树体生长，但不利于果实膨大；磷肥促进根系生长，能增加树体光合作用，提高养分积累；钾肥促进果实产量和品质，提升经济价值。

方法：采前应少施氮肥，适量增施磷钾肥；重视叶面微量肥补充。叶面微量肥可选用丽维优果、丽维灵、磷酸二氢钾、速乐硼等。

四、学习拓展

采收前做好柑橘水肥控制，对采后果品贮藏意义重大。此外，果实成熟采收也是十分关键的步骤，做好果实采收环节，可以有效延长果实贮藏时间。

柑橘采收注意事项：

（1）采果人员不得留长指甲，防止果实受伤。

（2）尽量避免雨天等潮湿天气采果。

（3）采果前需要将采果工具逐一清洗消毒，防止细菌感染。

（4）果筐应铺垫防刮伤装置。采果实行"一果两剪"，第一剪从树上采下果实，第二剪剪平果蒂。

五、任务巩固

（1）柑橘采前经济有效的控水措施有哪些？

（2）柑橘一般在采前多长时间采取适当的控水措施？

（3）柑橘采前施肥应注意控制哪种肥量的施加？

六、考核要求

考核要求见表6-1。

表6-1　柑橘采前水肥控制技术考核要求

评价内容	分值	学员自评	教师评价
复述柑橘园采前控水原理	30		
复述柑橘园采前施肥技术要点	30		
准确完成任务巩固内容	40		
总评			

任务二　学习柑橘采后药剂浸果技术

一、学习目标

（1）掌握保鲜剂保鲜原理。

（2）能够正确选用药剂搭配进行柑橘保鲜。

（3）树立正确食品安全观。

二、知识要点

柑橘采收过程中，果柄处以及装筐运输时果实会出现各类微小伤口，伤口一旦受到微生物（主要是细菌和真菌）侵染，极易腐烂，造成严重经济损失。为防止果实伤口处微生物的侵入，通常采用特定药剂进行浸泡，不同药剂对微生物的作用原理不同。以下列出几种目前广西市面上常用的药剂，并对其保鲜作用原理进行概述。

2,4-滴钠盐（图6-1）：属于植物生长调节剂，它在较低浓度时作为植物生长调节剂使用，对水果叶片、枝干保绿，维持果品新鲜度效果较好。

抑霉唑（图6-2）：抑霉唑是一种低毒杀菌剂，通过药理作用抑制真菌繁殖，有效防止水果贮藏期的青霉病、绿霉病等。在阴雨天气采摘柑橘时立即使用抑霉唑浸果晾干后再进行贮藏，可有效防止烂果现象。

咪鲜胺（图6-3）：一种低毒杀菌剂，通过药理作用抑制真菌生长。常用于防范水果青霉病、炭疽病等病菌。

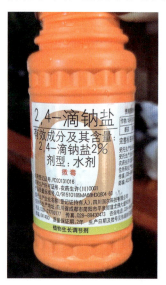  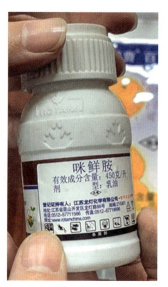

图6-1　2,4-滴钠盐　　　　图6-2　抑霉唑　　　　图6-3　咪鲜胺

百可得：是触杀和预防性杀菌剂，可预防柑橘类水果贮藏期病害。

涂被保鲜剂：通常是用蜡、脂类，采用浸渍、喷雾等方法施于果蔬的表面，风干后形成一层薄薄的透明被膜，达到抑制果蔬呼吸作用的目的。用浸涂法施于果实表面，风干后形成一层隔膜，通过抑制果实呼吸作用，减少糖分消耗而起到保鲜作用。常见涂被保鲜剂有巴西棕榈蜡、吗啉脂肪酸盐果蜡。

想要达到较好的保鲜效果，以上保鲜剂通常需要搭配使用。

三、任务实施

1. 柑橘采后药剂浸果操作技术原理

保鲜剂可有效抑制微生物生长，同时还有调节作物呼吸速率、保持柑橘新鲜度、延长柑橘贮藏期等作用。

2. 柑橘药剂浸泡操作技术

材料：2,4-滴钠盐、咪鲜胺、百可得、吗啉脂肪酸盐果蜡。

柑橘药剂浸果

操作方法：

（1）常温天气采摘。

①药剂浓度选用 2% 2,4-滴钠盐 1000～2000 倍稀释液 +45% 咪鲜胺 1000～1500 倍稀释液 +40% 百可得 1000～2000 倍稀释液混合配制杀菌水。

②将采收的柑橘倒入杀菌水中浸泡约 1 分钟。每浸泡 15 t 水果应更换药水。

③浸果完成后立即晾干，喷涂吗啉脂肪酸盐果蜡（用量可参照说明，依据实际情况调整）后即可包装。

（2）阴雨潮湿天气采摘。

遇上此类天气，可就地配制浓度 50～500 mg/L 抑霉唑药液，采摘后立即浸泡。为增加药效，配制时可把杀菌水加温到 30～35 ℃或适当提高药液浓度再进行浸泡果品。采摘结束后将果实运输到分拣地后按照场景一操作步逐步进行浸果。

3. 模拟训练

场景设定：在阴雨潮湿天气采摘 7.5 t 砂糖橘，请选用相应药剂配制杀菌水对柑橘进行保鲜处理，并演示具体浸果步骤。

四、学习拓展

当前，不少消费者对保鲜剂的使用抱有怀疑态度，但其实按规定处理过的水果可放心食用。农业农村部发布的行业标准《柑橘储藏》（NY/T 1189—2017）规定，柑橘果实抵运采收处理厂后应在 24 小时内使用规定的保鲜剂进行处理。

低毒和微毒的保鲜剂被用于柑橘表面后，在标准安全间隔期后再上市，其残留已十分微量。消费者在购买后，清洗干净柑橘外表并剥皮食用，不会影响人体健康。生产者要意识到，保鲜剂用量是有严格管控标准的，并不是量越大效果越好，应严格遵循国家规定的农残标准，进一步提高柑橘经济效益。

五、任务巩固

雨天采摘柑橘，为延长贮存期，应该如何使用柑橘保鲜剂？

六、考核要求

考核要求见表6-2。

表6-2　柑橘采后药剂浸果技术操作考核要求

评价内容	分值	学员自评	教师评价
准确理解保鲜剂保鲜原理	20		
根据不同情况正确选用保鲜剂	30		
能正确把握不同保鲜剂用量	40		
总评			

任务三　学习柑橘留树保鲜技术

一、学习目标

（1）掌握柑橘留树保鲜的基本原理。

（2）能够依据实际情况运用柑橘留树保鲜技术。

（3）通过掌握柑橘留树保鲜技术，养成细致严谨的作业态度。

二、知识要点

果实留树保鲜技术是指果实进入成熟期后不采摘，继续留树，并采取一定措施延缓树上果实成熟和衰老的方法。一般会选择冬季温暖无冻害、排水良好、管理精细、树势强健的果园进行留树保鲜。

广西柑橘主要集中在11月至翌年1月上市售卖，集中上市往往会导致市面水果滞销，价格低廉。为延长柑橘销售期，采用留树保鲜措施，可有效解决采收期销售难、市价低、保鲜贮藏成本高、易腐烂等问题，达到调节市场、延长产品销售期、增值增收等目的。

三、任务实施

1. 柑橘留树保鲜水肥管理技术

留树保鲜水肥管理是一个关键的过程，果园要根据自身的销售计划从10月起分片区进行水肥管理工作。

（1）春节前上市片区水肥管理工作。

秋梢老熟后开始控氮肥施用，适当控制水分，必要时覆盖地膜防止雨水在畦面堆积。增加磷钾肥施用量，促进糖分形成。

（2）春节后上市片区水肥管理工作。

在11月至翌年1月，根据树势淋施1～2次有机水肥和低氮高钾水肥。

具体操作：花生麸水肥 100 g/ 株 + 低氮中钾水溶肥 100 g/ 株（氮：磷：钾 =12 ～ 15 ： 5 ： 20 ～ 25）。放缓降酸和成熟速度。避免果实水裂纹产生，影响果品品质。

注意事项：对于需要延缓上市的柑橘，除正常促花外，少施用高磷钾叶面肥，特别是促转色产品。12 月至翌年 1 月注意观察果实酸度变化，果实酸度在 0.9 以上的可减轻后期水裂纹产生，提高抗冻能力。

2. 柑橘留树保鲜植保管理技术

11 月至翌年 2 月，冬天气温较低，雨水较多的地区留树保鲜。主要是防止霜冻、防果柄炭疽病和疫菌褐腐病。

（1）防冻保鲜技术：氨基寡糖素或芸苔素内酯 + 磷酸二氢钾。果皮较薄的柑橘抗冻能力差，可在果实坐稳后喷 1 次 3% ～ 5% 赤霉酸，增加果皮厚度。

（2）防病保鲜技术：磷酸二氢钾 + 氨基酸钙镁 + 苯甲咪鲜胺，或咪鲜戊唑醇 +85% 2,4- 滴钠盐（每克兑水 75 ～ 100 kg）。年初阴雨天气较多，容易产生积水感染霉菌，果面变黑，因此要注意杀菌。

注意：2,4- 滴钠盐在晴天或气温升高时使用要降低用药浓度。采用无人机作业应用 25000 ～ 30000 倍稀释液。

3. 模拟训练

现场模拟配制留树保鲜的营养管理方案和防冻、防病保鲜方案。

四、学习拓展

广西沃柑运用以上方案留树到 5 月 1 日前后果实依然比较硬，水裂纹极少出现，仍在采购商接受范围。留树保鲜的果实要经常观察成熟度及果面外观变化，宜在 5 月 15 日前下树。5 月 15 日以后出库的果品货架期缩短，影响终端商的销售。

五、任务巩固

柑橘留树保鲜防病技术中，2,4- 滴钠盐在什么天气使用时，需要适当降低用药浓度？

六、考核要求

考核要求见表 6-3。

表 6-3　柑橘留树保鲜技术操作考核要求

评价内容	分值	学员自评	教师评价
熟练掌握留树保鲜水肥管理操作技术	50		
熟练掌握留树保鲜植保管理操作技术	50		
总评			

任务四 设计柑橘贮运包装

一、学习目标

（1）熟悉柑橘包装材料运用原理。

（2）能够依据不同销售目的正确选用包装材料。

（3）树立安全、环保、可持续发展理念。

二、知识要点

柑橘从仓库发往各地市场前，需要按照不同销售需求进行包装。包装材料的选用关乎柑橘售卖价格及品质。市面上常见柑橘包装方式多样，一般会依据不同的运输销售场景进行单独设计包装。目前市面上常用于柑橘包装的材料主要包括外包装（纸箱、塑料筐、泡沫箱等）和内包装（保鲜膜、水果网套、EPE 珍珠棉果托、OPP 塑料膜等）（图 6-5）。在运输过程中一般搭配防撞、保温、保鲜材料共同使用。

图 6-5 柑橘内包装材料

三、任务实施

1. 包装操作技术

（1）远距离运输。

原理：广西柑橘一般运往北方及出口东南亚地区。砂糖橘等果皮较柔软，远距离运输时需要进行防撞保护，避免运输途中产生刮碰，造成果伤，降低贮藏时间。运往北方等温度较低的地区时，需要采取保温措施，防止运输途中果实冻伤。

包装方法：一般依据果商的需求，常采用 PE 塑料水果筐（图 6-6）装载，塑料筐分为小筐大筐，型号多种，常用有白筐、蓝筐、黑筐，价格逐级递减，同时质量逐级递减。选好塑料筐后，远距离运输时需在塑料筐套入 OPP 塑料膜（图 6-7），再逐层垫入 EPE 珍珠棉（图 6-8），该包装方式具有防冻保湿效果。

图 6-6　PE 塑料水果筐

图 6-7　OPP 塑料膜

图 6-8　EPE 珍珠棉

（2）商用礼盒（图 6-9）。

包装方法：商用礼盒内部搭配使用较硬的发泡聚乙烯海绵，可有效抵抗运输途中碰伤，保持果品美观。

图6-9 商用礼盒

应用场景：一般用于乡村振兴和扶贫产品，过节送礼等。礼盒可根据零售商需要进行定制，依此特点，可借助礼盒打造品牌宣传，如武鸣沃柑。

（3）就近上市批发。

就近批发市场售卖一般以经济为主，常采用性价比最高的装载筐。由于大多属于现摘现卖，无需进行特殊材料的保鲜处理。直接装入一次性果筐中即可。

2. 模拟训练

（1）模拟远距离运输柑橘包装设计。

（2）利用空白纸箱自由设计属于自己的品牌，并将柑橘装入包装箱内。

四、学习拓展

冷库贮藏小知识：柑橘采摘完毕后，一般立即发往本地或外地批发市场。因故需要就地保鲜的，需在 1～5 ℃的冷库中低温保存，相对湿度控制在 60%～80%。售前再过机器洗果、喷蜡。砂糖橘一般在冷库中可保存 10～20 天，沃柑可达 40～60 天。

五、任务巩固

砂糖橘就近就地批发一般选用什么包装材料？

六、考核要求

考核要求见表6-4。

表6-4 柑橘包装设计考核要求

评价内容	分值	学员自评	教师评价
熟知柑橘包装材料运用原理	30		
能够依据柑橘销售目的选用包装材料	50		
依据包装原理扩展新的柑橘包装方法	20		
总评			

项目七　果菜类贮运

　　广西蔬菜种植面积已超 146 万公顷，位居中全国第二，是当之无愧的蔬菜种植大省。其中贺州八步、百色乐业等蔬菜种植基地分别被誉为粤港澳大湾区"菜篮子"、粤港澳的后菜园，供菜量巨大。果菜是以果实供食用的蔬菜，如茄子、辣椒、苦瓜、番茄等。这类蔬菜从采摘到销售，极易引起蔬菜碰伤、感官变差乃至腐烂，造成大量的浪费。因此本项目主要介绍果菜采后贮藏的保鲜、运输保鲜等具体方法，为蔬菜经济生产提供可借鉴经验。

任务一　识别果菜类采收期

一、学习目标

　　（1）熟悉果菜采后生理特性

　　（2）能够依据销售任务正确判断果菜采收期。

　　（3）通过果菜类采收规范标准，践行科学种植的新农人理念。

二、知识要点

　　广西果菜一般即收即卖，仓库存放时间较短，因此正确判断果菜采收期尤为重要。不同果菜采收期差别较大，同时，不同运输要求对果菜采收时间也有很大影响。

　　常见的果菜采收期判断依据：

　　①产品的用途：用于加工、当地销售、长期贮藏或远销外地市场等。

　　②产品成熟状况。

　　采收期判断方法：

　　①果菜着色程度。

　　②果菜硬度。

　　广西常见果菜类采收期判断标准见表 7-1。

表7-1　广西常见果菜类采收期判断标准

果菜品种	本地销售	长期储运/远销外地市场	加工
番茄（图7-1）	着色期（左）	绿熟期（中）	红熟期（右）
辣椒	绿熟期	绿熟期	绿熟期
茄子（图7-2）	茄眼不明显（左）	茄眼正消失（右）	—
苦瓜	果实饱满，有光泽	果实饱满，有光泽	—
黄瓜	顶花脱离带刺	顶花带刺时采收	—

图7-1　番茄采收期

"茄眼"

图7-2　茄子采收期

三、任务实施

1. 果菜类合理采摘操作

依据表7-1标准，田地中超过一定量达到采收期的果菜，于当日9∶00（露水刚蒸发）前完成采摘，或17∶00后采摘较适宜。采摘过程应尽量避免机械损伤，否则会影响果实品质。

2. 果菜类采后处理

第一步，剔除有机械伤、病虫危害、外观畸形等不符合商品要求的果菜产品。第二步，采后按照果菜的大小、重量、形状、色泽、成熟度等将其分成不同等级，对于残次品则可加工处理减少浪费。

四、学习拓展

果菜在采收前 30 天内不施用生粪水，不喷施氮肥。植物生长调节剂虽然在一定程度有助于果菜达到早熟、高产、优质的目的，但是需要注意施用浓度，并且必须在安全间隔期后进行采收。避免污染环境，保证食品安全。

五、任务巩固

描述番茄在本地销售和远销外地市场采收期的识别要点。

六、考核要求

考核要求见表 7-2。

表 7-2　果菜类采收期识别技术考核要求

评价内容	分值	学员自评	教师评价
能够正确判断各类果菜采收标准	60		
能够准确识别果菜采收期	40		
总评			

任务二　掌握果菜类冷藏技术

一、学习目标

（1）熟悉果菜入库前操作及注意事项。

（2）能准确依据不同果菜设置冷库相对应温湿度数值。

（3）体验果菜冷藏技术操作，形成严谨细致工作理念。

二、知识要点

部分果菜成熟期到来，但是未能及时对外运输售卖，需要就地入冷库（图7-3）进行贮藏。低温贮藏原理是通过抑制果菜呼吸作用，降低果菜微生物繁殖活性，延缓内部有机质消耗，进而延缓衰老。同时低温下适当的湿度还可以有效防止水分过快蒸发，维持果菜新鲜度。目前冷库保鲜技术是现代果菜贮藏保鲜的主要方式。冷库采用无霜速冻制冷方式，配置压缩机及制冷配件可自动化霜，操作便捷，成本相对较高。

图7-3　蔬菜冷库

三、任务实施

1. 入库前基本步骤

（1）采摘。当基地果菜成熟数量达一定数值，一般于9：00～10：00或17：00之后采摘，可以有效避免采摘露水过重，湿度较高的情况。

（2）分级。采摘后需要对果菜进行整修、清洗、分选等商品化处理。按照标准将果菜分为优、中、次不同的等级，同时挑选出腐烂、机械损伤的果菜，避免在冷库期间交叉感染。

（3）预冷。田间采摘的果菜一般温度较高，在入库前需要预冷处理，预冷温度一般在7～12 ℃。预冷可减缓果菜呼吸作用、蒸腾作用等生命活动，延长其生理周期，减少采后出现的失水、萎蔫等现象。预冷是成功贮藏果菜的关键。

预冷方法多样，生产中可依据实际情况选择操作。

①冷库强制制冷：使用风机将冷气吹到果菜上使其冷却。这种方法的投资费用较低，适用的品种也较多，但冷却果菜的时间长，而且不均匀。

②压差通风冷却：把果菜按特殊的方式堆放在仓库的专用容器里，用风机在容器的两端产生压差，使冷风通过容器内壁对果菜进行冷却（图7-4）。这种方法的冷却速度比第一种方法快，冷却比较均匀，但处理能力较小。

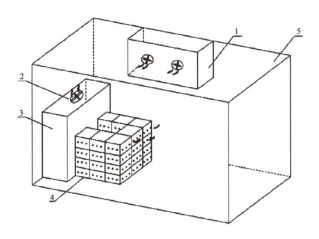

1—冷风机，2—压差风机，3—静压箱，4—包装箱，5—预冷库

图7-4 压差预冷机

③冷水冷却：将冷水淋在果菜上或把果菜浸在冷水中进行冷却。这种方法不仅能使果菜（特别是蔬菜）迅速冷却，而且具有冷却均匀、加工时间短、加工能力大、干净卫生，能抑制细菌、霉菌等微生物的优点。

④真空冷却：将果菜放入真空预冷机（图7-5）内，通过低压环境降低水的沸点，果菜上的水汽吸热蒸发，达到快速冷却的目的。真空预冷可以将雨天采收的果菜快速去水，使果菜表面小创伤愈合，降低微生物入侵的可能。

图7-5 真空预冷机

2. 入库

果菜入库前，设置调整冷库温度（表7-3），相对湿度85% ～ 95%，即可入库。

表7-3　果菜冷藏温度及推荐保鲜时间

种类	冷藏温度	保鲜时间	种类	冷藏温度	保鲜时间
黄瓜	8 ～ 10 ℃	1 ～ 2 周	甘蓝	0 ～ 1 ℃	3 ～ 7 个月
南瓜	10 ～ 13 ℃	2 ～ 5 周	花椰菜	0 ～ 1 ℃	2 ～ 4 周
丝瓜	5 ～ 8 ℃	1 ～ 3 周	芹菜	0 ～ 1 ℃	1 ～ 3 个月
苦瓜	5 ～ 8 ℃	3 ～ 4 周	莴笋	0 ～ 1 ℃	1 ～ 4 周
冬瓜	10 ℃	1 ～ 3 周	菠菜	0 ～ 1 ℃	1 ～ 2 周
佛手瓜	7 ℃	4 ～ 6 周	萝卜	0 ～ 1 ℃	4 ～ 6 个月
绿番茄	12 ～ 15 ℃	1 ～ 2 周	大蒜	-4 ～ 1 ℃	6 ～ 12 个月
红番茄	8 ～ 10 ℃	1 周	蒜薹	-1 ～ 0 ℃	6 ～ 10 个月
茄子	8 ～ 12 ℃	3 ～ 4 周	青葱	0 ～ 1 ℃	1 ～ 2 周
青椒	7 ～ 10 ℃	2 ～ 3 周	姜	13 ℃	4 ～ 6 个月
青豆	7 ～ 8 ℃	1 ～ 2 周	豌豆	0 ～ 1 ℃	1 ～ 3 周
大白菜	0 ～ 1 ℃	1 ～ 3 个月	四季豆	2 ～ 4 ℃	2 ～ 3 周

四、任务巩固

判断下列操作是否正确。

（1）果菜采收时间应在露水干透后的中午进行。

（2）若采收后的果菜表面干爽，温度适宜，可以不需要进行预冷直接进入冷库。

五、考核要求

考核要求见表7-4。

表7-4　果菜类冷藏技术操作考核要求

评价内容	分值	学员自评	教师评价
准确复述果菜入库前操作	50		
掌握各类果菜冷库温湿度的调控	50		
总评			

任务三　掌握果菜类简易气调贮藏技术

一、学习目标

（1）掌握气调保鲜技术基本原理。

（2）能够区分气调冷库与自发气调贮藏的原理及效果。

（3）通过体验新型技术，培养科学农业、智慧农业意识。

二、知识要点

气调保鲜是一种在低温保鲜技术上延伸的贮藏保鲜技术，通过人工智能装置置换贮藏空间气体，形成低温低氧的环境，抑制果菜的呼吸作用，从而有效延长果菜贮藏期和货架期。

1. 气调冷库贮藏

气调冷库贮藏是在相对密闭的冷库中，采用机械气调设备，通过计算机和人工调整，令冷库内氧气、二氧化碳等气体含量发生变化，使得环境中的气体组分有利于果菜贮藏，可以有效抑制果菜呼吸，延缓代谢速度，同时有效抑制病菌生长，减少贮藏过程的腐烂损失。气调冷库需要安装智能气调设备，成本相对较高。

2. 自发气调贮藏

（1）原理。自发气调贮藏（图7-6）是利用果菜本身呼吸需要消耗氧气，放出二氧化碳的呼吸原理，从而在相对密闭空间内自发调整内环境含氧量，达到低氧的保鲜环境。在此过程中，内环境气体含量没有固定限制指标，包装袋用激光进行打孔，形成微孔设计，具有一定的透气性，不需要进行人工调气。该方法不需大型设备，比较经济便捷，不仅可设置在普通冷库内或常温贮藏库内，还可以在运输中使用。

（2）材料。常用的自发气调包装材料有低密度聚乙烯（LDPE）、高密度聚乙烯（HDPE）、聚氯乙烯（PVC）、聚丙烯（PP）、聚乙烯醇（PVA）。还有一种新型硅窗气调包装材料，这种硅胶膜是用聚甲基硅氧烷为基料涂覆于织物制成的，可以自动排除包装内的二氧化碳、乙烯及其他不利于保鲜的气体，同时透入适量氧气，能够抑制和调节果菜呼吸强度，防止发生生理病害，延长果菜的保鲜期。

由于自发气调具有不限制性，完成所需气体交换需要的时间较长，过程中往往会导致果菜过度消耗，因此贮藏效果远不及气调冷藏库。

图 7-6　气调包装

由于气调冷藏库造价成本较高，在广西传统冷库使用较广泛。自发气调一般需要使用气调包装机进行包装，使用材料孔隙宽度也会根据果菜的不同而变化。

三、任务实施

气调贮藏操作方法。

1. 冷库气调贮藏

（1）预冷。将从田间采收后的果菜装入带孔的箱子，然后移入预冷机中进行预冷，预冷终点温度为 10 ～ 20 ℃，预冷时间为 10 ～ 30 分钟，预冷真空度为600 ～ 1200 Pa。

（2）贮藏。将经过预冷的果菜立即移入已具备以下贮藏条件的冷库中进行贮藏保鲜，贮藏温度为 7 ～ 25 ℃，相对湿度为 85% ～ 98%，臭氧浓度为 1 ～ 25 mg/m^3。

2. 自发气调贮藏

（1）选择合适的气调包装袋。可以选择硅窗气调袋和高密度微孔的薄膜袋包装果菜，两者可以较好地控制气体进出，实现气调保鲜的效果。

（2）果实处理。果菜预冷后，装入气调袋内，用手轻压排出袋内气体，扎紧袋子，放入货架或者包装箱内。利用硅窗气调袋在货架上存放时，一定要使硅窗口朝上显露出来，不能重叠遮盖，否则会影响气调贮藏效果。

（3）存放空间温度、湿度控制。按照不同果菜的存放需求调整存放空间的温度、湿度。

（4）包装袋内气体监控。库内存放时，每 3 天检测袋内二氧化碳和氧气的含量。检测方法是用注射器从袋内抽取足量的气体，贴上标签送专业仪器测试气体组分含量。若袋内氧气浓度依旧较高，检查袋口是否密封紧实。

四、任务巩固

（1）冷库气调贮藏和自发气调贮藏的原理有什么不同？

（2）结合现有知识，简述番茄采用普通冷库加自发气调包装贮藏的具体操作步骤。

五、考核要求

考核要求见表7-5。

表7-5　果菜类简易气调贮藏考核要求

评价内容	分值	学员自评	教师评价
基本掌握气调贮藏原理	20		
准确列举2种气调贮藏的优缺点	30		
正确完成果菜自发气调包装操作	50		
总评			

任务四　辨析果菜保鲜剂原理

一、学习目标

（1）了解果菜保鲜剂分类。

（2）理解果菜保鲜剂基本原理。

（3）树立正确食品安全观。

二、知识要点

现在人们对于生鲜食品的质量要求较高，不仅要求种类多，还要求干净卫生，但大众对保鲜剂往往谈虎色变。就广西而言，普通冷库以及冰袋基本满足远销运输过程保鲜，从经济角度出发，广西果菜保鲜剂使用较少。但是目前仍然有部分果菜需要长期保鲜，必须借助保鲜剂进行贮藏。下面对目前市面上果菜保鲜剂类型进行简要介绍。

目前市面上的果菜保鲜剂按照作用原理大致可以分为两大类，分别是物理保鲜剂和化学保鲜剂。

（1）物理保鲜剂。

①气体吸收剂：如乙烯吸收剂（主要由蛭石、浮石、膨润土、过氧化钙、铝、硅酸盐、铁、锌等高锰酸钾载体与高锰酸钾溶液按一定比例混合）、吸氧剂（主要由抗坏血酸、亚硫酸氢盐、铁粉等制成）。主要通过吸收部分气体，加速果菜成熟老化，加快果菜呼吸作用，从而起到保鲜目的。

②气体发生剂：二氧化碳发生剂、二氧化碳脱除剂、脱氧剂、二氧化硫发生

剂、卤族气体发生剂。通过气体调节，产生气调效果，既能催熟着色，也能脱涩防腐。

③水分调节剂：蒸汽抑制剂、脱水剂等。主要作用是调整环境的湿度，当袋子湿度降低时，可以释放捕获的水来调节湿度，避免果菜脱水萎蔫。

物理保鲜剂一般不会造成农残问题，在生产上需要按照使用说明进行操作。

（2）化学保鲜剂。

①生长调节剂：能调节或刺激植物生长，调节果菜的生理活性，维持果菜新鲜度和外观品质。主要有生长素（如 2,4- 滴钠盐、赤霉素 AG_3、细胞分裂素等）和生长抑制剂（如青鲜素、矮壮素等）。

②防腐杀菌剂：硼砂、硫酸钠、山梨酸及其盐、丙酸、邻苯基苯酚等主要化学或天然抗菌剂能有效防止霉菌繁殖。氯硝胺（PCNA）、邻苯基苯酚钠是克菌丹和抑菌灵含有的成分，主要作用是防止病原菌侵入果菜，杀灭果菜表面的微生物。

由于广西果菜主要销往本地市场或粤港澳地区，冷链物流及冷库贮藏基本可以满足正常的销售目的，因此保鲜剂使用率较低。在必要情况下，使用化学保鲜剂时，要严格按照国家保鲜剂用量标准，同时把控好安全间隔期采收，守护农产品安全。

三、任务巩固

（1）下列属于化学保鲜剂的是（　　）。

　　　A. 二氧化碳发生剂　　　B. 乙烯吸收剂　　　C. 脱水剂　　　D. 硼砂

（2）气体发生剂与气体吸收剂的保鲜原理有何区别？

（3）生长调节剂类保鲜剂的保鲜原理是什么？

四、考核要求

考核要求见表 7-6。

表 7-6　果菜类保鲜剂考核要求

评价内容	分值	学员自评	教师评价
了解果菜保鲜剂分类	50		
基本理解各类保鲜剂保鲜原理	50		
总评			

任务五　正确选用果菜类包装材料

一、学习目标

（1）熟悉各类包装材料的用途。

（2）能够正确使用果菜储运包装材料。

（3）树立安全、环保、可持续发展理念。

二、知识要点

果菜在对外运输的过程中，必须使用包装材料对其进行合理包装。选用合适的包装材料不仅可以避免在运输途中碰伤，还可以起到保鲜作用。以下列出广西果菜运输时常用的材料，可供生产使用参考。

1. 外部包装材料

（1）泡沫箱（图7-7）：一种防震、保温材料。它具有比重轻、耐冲击、易成形、造型美观、色泽鲜艳、高效节能、价格低廉等优点，用途广泛。

（2）塑料筐（图7-8）：一种便捷搬运材料。具有经济、环保、卫生、安全、便捷等优点。

（3）纸箱：目前应用最广泛的包装制品。按用料不同，可分为瓦楞纸箱、单层纸板箱等。纸箱具有保护产品，提升包装档次的优点。

图7-7　泡沫箱

图7-8　塑料筐

2. 内部常见保护材料

内部常见保护材料有聚乙烯泡沫网套（图2-2）、保鲜袋、塑料包装盒（图7-9）、真空包装袋等。

图 7-9　塑料包装盒

三、任务实施

1. 原理

果菜在运输包装时主要考虑两个方面：一是防止运输途中碰伤，造成腐烂等影响外观品质的经济损失；二是保鲜作用，不管是发货运输途中还是货架期的果菜，均需要维持其新鲜品质，因此采摘后，选用优质适合的包装材料对延长采后销售期有着重要意义。

2. 果菜的包装方式

（1）运输包装。广西较常见的简易包装方式是防撞泡沫网套＋塑料筐或泡沫箱，在运输前需要对果菜进行打冷。

①苦瓜包装方法。先用泡沫网套套住苦瓜，再轻放入塑料筐或泡沫箱内（图7-10）。

图 7-10　苦瓜包装

②豆角包装方法。在泡沫箱中平铺放满豆角，然后放一层报纸，报纸上放碎冰块或冰袋（图7-11），盖上泡沫盖，用胶带密封。该包装方式可以解决冷链物流的昂贵经济成本问题。该方法同样适用于其他豆类果菜运输包装。

图7-11　冰袋

③番茄、辣椒包装。番茄一般使用塑料筐，辣椒宜使用专用硬纸箱或泡沫箱，底部垫放报纸保湿，预冷24小时后即可发车运输。

（2）货架期包装。货架期难免会出现蔬菜滞留的情况。因此为延长销售期，常见的货架期包装有真空包装、气调袋、OPP塑料保鲜袋、保鲜膜等方式。

真空包装（图7-12）是用真空包装机将包装袋内抽成真空，然后封口，使袋内形成真空，从而使被包装物品达到隔氧、保鲜、防潮、防霉、防锈、防虫、防污染等目的，可有效地延长保质期、保鲜期，并便于贮存和运输。

图7-12　真空包装

有研究表明，采用专用硅窗气调袋和 OPP 蔬菜保鲜袋包装的蔬菜，随着贮藏时间的增加感官品质及失重率均优于泡沫箱和保鲜膜，比较适合蔬菜的贮藏保鲜。

四、学习拓展

目前有一种新型包装材料——内表面涂饰保鲜涂层的瓦楞纸箱，可以释放具有防腐功能的气体。在果菜运输过程中，保鲜涂层在纸箱微环境下缓慢释放出气体，一定程度上达到气调的效果，以抑制果菜呼吸，控制其新陈代谢速度，并抑制细菌的繁殖，从而更好地起到水果保鲜效果。这种经过内表面涂饰处理的保鲜用瓦楞纸箱具有广阔的开发应用前景。

五、任务巩固

模拟操作果菜类从采摘—运输—货架售卖全程的包装方式。

六、考核要求

考核要求见表 7-7。

表 7-7　果菜类包装材料选用考核要求

评价内容	分值	学员自评	教师评价
能够正确选用果菜包装材料	20		
熟悉果菜从采收到出库的基本操作流程	50		
掌握包装材料保鲜原理	30		
总评			

项目八　叶菜类贮运

叶菜是以植物肥嫩的叶片和叶柄作为食用部位的蔬菜。广西是农业大省，是全国最大的秋冬菜生产基地，气候比较温暖，大部分的蔬菜长势喜人，产量可观。目前广西主要种植的特色叶菜种类有蕹菜、油麦菜、菜心、瓢儿菜、小白菜、大白菜等。叶菜类蔬菜虽然新鲜，但是不易保存，成品率低，损耗率高。尤其是夏季，极易发生腐烂、萎蔫、黄化等。本项目主要介绍叶菜采后贮藏保鲜、运输保鲜等具体做法，以减少叶菜采后损失，提升经济价值。

任务一　掌握叶菜低温贮藏技术

一、学习目标

（1）熟悉叶菜低温贮藏原理。

（2）正确掌握叶菜采后贮藏技术。

（3）通过传播新技术，培养新型职业农民意识。

二、知识要点

叶菜类蔬菜在田间采摘后温度较高，叶片蒸腾作用较强，水分流失较大，易发生萎蔫，常用的保鲜方法是低温贮藏。冷库贮藏是目前广西叶菜运用最广泛的低温贮藏技术。

三、任务实施

叶菜一般在 9：00 ～ 10：00 完成采收。避免雨天、露水过重时间进行采收。

1. 入库前

采收结束后，迅速挑选整理，将病菜、有损伤的叶片去除，并按一定质量标准进行捆绑包装。入冷库前，需用真空预冷机快速预冷 20 分钟，预冷温度在 2 ℃左右。目的是利用真空抽走水汽，迅速降低田间热，使叶菜冷却到适宜入库的温度，从而有效地抑制腐败细菌、微生物的生长，抑制酶的活性和呼吸强度，避免蔬菜水分的流失和乙烯的释放。

2. 入库

冷库房内外的卫生环境必须保持整洁卫生、无毒、无菌、无异味，保存前先进行全面彻底消毒灭菌，避免病菌侵染果蔬，引发果蔬腐烂的情况。预冷后的叶菜，在调整好冷库温湿度（温度控制在 0 ~ 6 ℃，相对湿度 85% ~ 95%）后，即可有序放入库中。

叶菜在冷库普遍可存放 10 ~ 15 天（图 8-1）。

图 8-1　冷库内叶菜贮藏

四、学习拓展

叶菜与果菜不同，可以耐受低温贮藏，一般冷库温度最低可设置为 -1 ℃。但是叶菜在入冷库前必须严格进行预冷操作，如果未经冷却，进入冷藏库后，要采取逐步降温的办法，防止温度骤降产生生理性病害。

五、任务巩固

（1）叶菜采收后入库前需要做哪些工作？

（2）叶菜冷藏温度一般为多少？

六、考核要求

考核要求见表 8-1。

表 8-1　叶菜低温贮藏技术操作考核要求

评价内容	分值	学员自评	教师评价
掌握叶菜类入库前操作要点	50		
熟知不同叶菜冷藏温湿度	50		
总评			

任务二　了解叶菜减压贮藏技术

一、学习目标

（1）掌握叶菜减压贮藏原理

（2）通过传播新技术，培养新型职业农民意识。

二、知识要点

叶菜减压贮藏是通过真空泵抽气降低密闭空间的压力，使得内部气体压力减小，内部空气压力减小，促使氧气、二氧化碳、乙烯等气体绝对含量相应减小，以创造低氧的环境。此外，减压操作可以促使蔬菜内部的乙烯向外部扩散，降低环境内乙烯含量，在一定程度上起到气调的效果，不仅可以延缓完熟，还有保持叶菜鲜绿、防止组织软化、减轻冷害和一些贮藏生理病害的效果。调查显示，减压贮藏期保存时间比常规冷藏延长几倍。但是该方式需要耐压容器，成本较高，目前正处在试验阶段，未得到广泛应用，在此不作赘述。

三、任务巩固

（1）叶菜减压贮藏的目的是创造 ＿＿＿＿ 的环境，以此减少菜类呼吸作用。

（2）减压贮藏的原理其本质与什么贮藏原理相似？

四、考核要求

考核要求见表8-2。

表8-2　叶菜类减压贮藏技术考核要求

评价内容	分值	学员自评	教师评价
掌握叶菜减压贮藏原理	50		
能够辨别减压贮藏与其他贮藏方式的异同	50		
总评			

任务三　了解叶菜类辐射保鲜技术

一、学习目标

（1）掌握叶菜辐射保鲜原理。

（2）通过传播新技术，培养新型职业农民意识。

二、知识要点

1. 概念

辐射保鲜是利用放射性元素 ^{60}Co 或 ^{137}Cs 经 γ 射线机加速器产生电子束时所产生的辐射能量，抑制蔬菜发芽和延缓新陈代谢作用，效果最明显的有马铃薯、洋葱。对于脱水蔬菜（如脱水胡萝卜、青梗菜、豆芽菜等）的辐射杀菌，效果也十分显著。据研究表明，采用 6 ～ 10 kGy 剂量范围的 γ 射线对脱水蔬菜进行辐射，不仅可以有效杀灭其中的微生物，贮藏保鲜效果可达 1 年以上，而且经生物学检验、营养成分分析和吸收剂量测定，各项指标均符合国家相关标准。

　2. 保鲜原理

蔬菜在受到辐射后，会引起部分维生素的变化，与加热后不稳定性类似，在辐射方法上，应尽量采用低温辐射、缺氧辐射，或利用增感剂及选择最佳的辐射时间等，这样对于减轻辐射对蔬菜的副作用是有利的。

　3. 发展趋势

辐射保鲜技术是一门新兴技术，具有巨大的发展潜力。但是由于公众对新兴技术的恐慌和缺乏一定的科学知识，辐射保鲜技术受到颇多争议，例如是否引起蔬菜口感改变，食品安全问题是否长期得到保障。该技术还未能走进大多人视野，还需要进一步完善法律法规和标准，提高公众的安全意识和科学知识认知。

三、任务巩固

（1）叶菜辐射保鲜原理是什么？

（2）辐射保鲜技术得不到推广的主要原因是什么？

四、考核要求

考核要求见表 8-3。

表 8-3　叶菜类辐射保鲜技术考核要求

评价内容	分值	学员自评	教师评价
基本掌握叶菜辐射保鲜原理	100		
总评			

任务四　正确选用叶菜类包装材料

一、学习目标

（1）熟悉叶菜包装材料的用途。

（2）能够正确运用叶菜储运包装材料。

（3）培养节约理念，提升环保意识。

二、知识要点

叶菜受其组织结构和生理特性等的影响，容易腐烂，采后品质迅速下降，贮藏期较短。因此在选用叶菜装运和商品包装材料时需要考虑多方面因素，如运输途中避免碰撞、刮伤、叶片萎蔫等。其中，包装材料应具有清洁、卫生、无污染、无异味、无有害化学物质、内壁光滑、轻便、成本低等特点。

广西蔬果运输常用的材料见项目七任务五。

三、任务实施

1. 包装材料选用

（1）运输包装。本地市场销售，由于距离较近，一般以考虑成本为主。较多选用经济的蛇皮袋、塑料筐（图8-2）等透气性好的装运材料。远销外地时，要严格保鲜、防碰。一般可选用泡沫箱作为外包装，内部使用报纸铺垫，或OPP材料和保鲜膜包装（图8-3）。大白菜常用泡沫网套套住根部，主要防止水分流失，运输前需要先预冷，低温可以有效缓解叶片水分流失，降低呼吸速率。距离较远时，在泡沫箱内放入适量冰袋，用胶带密封，维持低温环境进行保鲜。

图8-2　经济装运材料

图8-3　蔬菜包装

（2）商品包装。叶菜货架陈列包装常分为两种。

一种是保持叶菜美观，防止叶菜被挑选拉扯，影响售卖价值。常用材料有以下几种：

①叶菜塑料防雾包装袋：OPP 塑料材质，打孔透气，美观安全卫生。

②塑料包装盒：除美观作用外，常用于商家品牌推广。

另一种则以保鲜为主要目的，延长蔬菜货架期。常用材料有以下几种：

①蔬菜保鲜膜：PE 材质，安全透气，有较好的保鲜效果。

②微孔 PP 薄膜：这种薄膜包装水果和蔬菜，能控制包装袋内氧气与二氧化碳的交换，使包装中保持能延缓水果和蔬菜呼吸的最佳气体组分，起到自发气调作用，从而有效地延长保鲜。

③气调包装：气调包装需要在专门的设备下进行，一般不适合家用或小规模商家使用。

④真空包装：多见于半加工品菜类，如芋头、山药等根茎类蔬菜。

四、学习拓展

适宜的贮藏保鲜方式可以有效减缓叶菜中营养物质的损失。同时，贮藏过程也可能会导致一些有害物质的产生和积累，其中硝酸盐和亚硝酸盐的积累已成为世界各国普遍关注的重要问题。李岩等研究结果发现，低温密闭气体环境能够有效降低菠菜中硝酸盐和亚硝酸盐的积累。马超等发现自发气调包装结合低温贮藏蔬菜，其硝酸盐与亚硝酸盐含量随贮藏时间的延长呈波状起伏趋势，且在包装结合低温贮藏时蔬菜中硝酸盐和亚硝酸盐含量达到最低。

五、任务巩固

（1）叶菜包装方式和材料有哪些？

（2）假设一家超市售卖生鲜蔬菜，请问应该如何包装延长货架期？

六、考核要求

考核要求见表 8-4。

表 8-4　叶菜包装材料选用技术考核要求

评价内容	分值	学员自评	教师评价
掌握运输包装材料和商品包装材料的区别	50		
能根据需求正确选用叶菜包装材料	50		
总评			

参考文献

［1］杨志鹏，谭晓晴. 一种水果包装技术优化的浅析——以荔枝为例［J］. 中国物流与采购，2022（15）：77–78.

［2］卫赛超，谢晶. 不同包装方式对芒果低温模拟运输贮藏中品质及代谢的影响［J］. 食品科学，2022，43（05）：227–234.

［3］梁乃锋，叶敏，陈锦明，等. 一种适合常温运输低成本的新型荔枝包装箱及装箱工艺［J］. 物流工程与管理，2021，43（10）：37–39.

［4］丁文燕，张秋红. 芒果的采后处理及贮藏保鲜［J］. 食品安全导刊，2021（24）：34–35.

［5］武竞超，林文忠，尤桂春，等. 芒果果实套袋技术［J］. 东南园艺，2021，9（03）：49–51.

［6］梁乃锋，李萌，丁露，等. 一种非冷链运输荔枝保鲜包装箱开发及应用［J］. 物流工程与管理，2019，41（12）：91–92.

［7］吴海明. 芒果采后保鲜技术［J］. 农村新技术，2009（15）：37.

［8］杨连珍. 包装和包装材料对芒果采后腐坏的影响［J］. 世界热带农业信息，2004（04）：27–28.

［9］喻文涛，曲姗姗，李萌萌，等. 采前脱落酸处理对荔枝贮藏的保鲜作用［J］. 现代食品科技，2022，38（10）：170–177.

［10］朱世江，文明. 一种利用脱落酸控制荔枝果皮褐变的方法［P］. 中国专利：CN106720258A，2017.5.31.

［11］海南省质量技术监督局. DB46/T 420—2017 芒果采后热水处理技术规程［S］.

［12］广西壮族自治区质量监督局. DB45/T 1525—2017 芒果采收与采后商品化处理技术规程［S］.

［13］中华人民共和国农业部. NY/T 1530—2007 龙眼、荔枝产后贮运保鲜技术规程［S］.

［14］中华人民共和国农业部. NY/T 1648—2015 荔枝等级规格［S］.

［15］广西壮族自治区质量监督局. DB45/T 859—2012 广西荔枝采后商品化处理技术规程［S］.

［16］赵晨霞. 果蔬贮藏与加工［M］. 北京：中国农业大学出版社，2009.

［17］潘静娴. 园艺产品贮藏加工学［M］. 北京：中国农业大学出版社，2007.

［18］操庆国. 果蔬简易贮藏［M］. 北京：中国农业出版社，2018.

［19］罗云波. 果蔬采后生理与生物技术［M］. 北京：中国农业出版社，2016.

［20］蔻莉萍，刘兴华. 果品蔬菜贮藏运销学：第4版［M］. 北京：中国农业出版社，2021.

［21］王莉. 生鲜果蔬采后商品化处理技术与装备［M］. 北京：中国农业出版社，2013.

［22］陈林，肖国生，吴应梅，等. 果品贮藏与加工［M］. 成都：四川大学出版社，2019.

［23］石兴华，范祥祯，毛云飞，等. 不同控水方式对柑橘果实品质及效益的影响［J］. 果树资源学报，2021，2（4）：7-10

［24］东方城乡报，柑橘采收时有什么注意事项［N］. 东方城乡报，2019-09-03（B02）.

［25］陈曦. 用保鲜剂泡过的柑橘有害健康［EB/OL］.（2023-04-06）［2024-01-12］. http://www.kepu.gov.cn/www/article/yyfsj/6b2a2524e63a4afebe2f61544bf8d649.

［26］郭慧媛，吴广枫，曹建康，等. 气调贮藏对不同种类蔬菜保鲜效果的影响［J］. 农产品加工，2020（23）：10-13. DOI:10.16693/j.cnki.1671-9646（X）.2020.12.004.

［27］张悦，李安，赵杰，等. 保鲜剂在蔬菜贮运中的研究进展［J］. 食品与发酵工业，2022，48（17）：345-352. DOI:10.13995/j.cnki.11-1802/ts.029749.

［28］王淑贞. 水果贮运保鲜技术［M］. 北京：金盾出版社，2013：134

［29］彩萍. 蘑菇草菇安全生产技术指南［M］. 北京：中国农业出版社，2012：155.

［30］慕钰文，冯毓琴，魏丽娟，等. 菠菜采后保鲜包装技术研究进展［J］. 包装工程，2020，41（09）：1-6. DOI:10.19554//j.cnki.1001-3563.2020.09.001.